新文京開發出版股份有限公司

NEW
WCDP

新世紀・新視野・新文京 ─ 精選教科書・考試用書・專業參考書

New Wun Ching Developmental Publishing Co., Ltd.

New Age · New Choice · The Best Selected Educational Publications—NEW WCDP

孫鉎瑀、簡守平、張怡頌　編著

數學 II
Mathematics

國家圖書館出版品預行編目資料

數學. II/孫銚瑀, 簡守平, 張怡頌編著.--初版.--新北市：
　新文京開發出版股份有限公司, 2023.07
　　面；　公分

　ISBN　978-986-430-940-5（平裝）

　1. CST：數學教育　2. CST：中等教育

524.32　　　　　　　　　　　　　　　112010338

數學 II　　　　　　　　　　　　　　　（書號：E456）

編 著 者	孫銚瑀　簡守平　張怡頌
出 版 者	新文京開發出版股份有限公司
地　　址	新北市中和區中山路二段 362 號 9 樓
電　　話	(02) 2244-8188（代表號）
Ｆ Ａ Ｘ	(02) 2244-8189
郵　　撥	1958730-2
初　　版	西元 2023 年 08 月 10 日

一、 本書係參考民國一〇七年教育部頒布之十二年國民基本教育課程綱要－技術型高級中學數學領域課程綱要，並配合實際教學編輯而成。

二、 全書共分二冊，可供五年制專科學校第一及第二學年，每學期每週授課 2 節四學期，共八學分之教學使用。

三、 本書屬基礎數學，著重培養學生正確數學觀念，並以實用為主，著重訓練學生解題技巧及基本演算能力。

四、 本書為符合實際需要，特將課程內容精心編輯，如授課時間不足，可由教師視實際需要加以取捨。而各節均提供習題，可供研讀及練習之用。

五、 本書需雖經審慎編寫，疏漏之處仍恐難免，尚祈讀者及各方專家不吝指正，不勝感激。

編著者 謹識

作者簡介
AUTHORS

● **孫銚瑀**

學歷：輔仁大學數學研究所碩士
　　　國立成功大學數學系畢業
曾任：登峰美語 SAT GMAT 測驗數學教師
現任：宏國德霖科技大學電通系專任教師

● **簡守平**

學歷：淡江大學數學研究所碩士畢業
曾任：新北市私立南山高級中學
現任：宏國德霖科技大學通識中心專任教師

● **張怡頌**

學歷：國立中正大學應用數學研究所畢業
　　　私立逢甲大學應用數學系畢業
現任：宏國德霖科技大學機械系專任教師

目 錄

CONTENTS

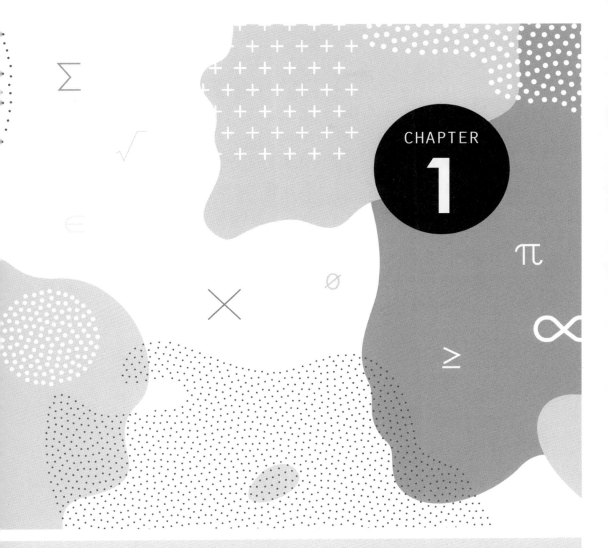

方程式

1-1　一元一次與一元二次方程式

　　自古以來解方程式一直是代數學上的重要課題，本章中將就各種不同型式之一元方程式的解法、根的性質及一些基本定理進行討論，並且進一步探討方程式的應用。

一、方程式與一元 n 次方程式

　　所謂方程式，乃指兩量相等之代數式；例如 " $x = a + b$ " 即為一方程式。一元方程式的型式很多，例如：

1.　$x^2 + x - 2 = 0$，稱為一元二次方程式。

2.　$\dfrac{1}{x+1} - \dfrac{1}{x-1} = 2$，稱為分式方程式。

3.　$\sqrt{2x-1} - \sqrt{x+3} = 2$，稱為無理方程式。

　　其中 x 表未知數。

　　何謂方程式的解集合？舉凡滿足方程式中"等號"成立的 x 值，都稱為方程式的解（亦可稱為根），所有解所成的集合，即為解集合。

　　例如(1)中，把 $x = 1$ 代入，可得 $1^2 + 1 - 2 = 0$

　　把 $x = -2$ 代入，可得 $(-2)^2 - 2 - 2 = 0$

　　$\therefore x = 1$ ， -2 皆是方程式 $x^2 + x - 2 = 0$ 之解，而 $\{1, -2\}$ 是方程式 $x^2 + x - 2 = 0$ 之解集合。

　　對不同型式之方程式解法將分述於後。

　　若 $f(x)$ 是一個 n 次多項式，我們稱 $f(x) = 0$ 為 n 次方程式。

例如：

1. $x^5 + 3x^4 + 2x^3 - x^2 + 2x - 1 = 0$ 為一元 5 次方程式。

2. $x^4 - x^2 + 1 = 0$ 為一元 4 次方程式。

　　本節中只針對一元一次方程式與一元二次方程式求解做介紹，其餘類型的方程式求解，同學可自行查閱其他課本。

二、一元一次方程式求解因為比較容易，直接以例題介紹。

 1

求方程式 $3x + 5 = 5x - 11$ 之解集合。

解 　將有變數 x 的項移到同一邊，常數項移到另一邊

$$11 + 5 = 5x - 3x$$
$$16 = 2x$$
$$x = 8$$

故解集合為 {8}

例題 2

求方程式 $\dfrac{x}{3} - 4 = \dfrac{2x}{5} + 1$ 之解集合。

解 　建議先去分母，等號兩邊同乘 15

$$5x - 60 = 6x + 15$$
$$-15 - 60 = 6x - 5x$$
$$-75 = x$$
$$x = -75$$

故解集合為 {-75}

例題 3

求方程式 $3x - 5 = 3x + 7$ 之解集合

解

$$3x - 3x = 7 + 5$$
$$0 = 12（矛盾）$$

無解

故解集合為 ϕ

三、一元二次方程式的解法及根的性質

對一個二次方程式 $ax^2 + bx + c = 0$，$a \neq 0$ 而言，解法有二：

(一) 因式分解法

若二次方程式可分解，亦即 $ax^2 + bx + c = (dx + e)(fx + g) = 0$ 則其解集合為 $dx + e = 0$ 及 $fx + g = 0$ 二方程式解集合之聯集。

即為 $\left\{ -\dfrac{e}{d}, -\dfrac{g}{f} \right\}$

例題 4

求方程式 $x^2 + x - 2 = 0$ 之解集合。

解　對原式因式分解得 $(x-1)(x+2) = 0$，$x - 1 = 0$ 或 $x + 2 = 0$ 解集合為 $\{1, -2\}$。

例題 5

求方程式 $6x^2 - 5x - 6 = 0$ 之解集合。

解 對原式因式分解得 $(3x + 2)(2x - 3) = 0$ ，$3x + 2 = 0$ 或 $2x - 3 = 0$ 解集合為 $\left\{\dfrac{-2}{3}, \dfrac{3}{2}\right\}$ 。

(二) 公式代入法

此公式來自於配方法，對一元二次方程式 $ax^2 + bx + c = 0$ ，$a \neq 0$ 對等號左右同除 a ，得 $x^2 + \dfrac{b}{a}x + \dfrac{c}{a} = 0$ ，對前兩項配成完全平方，

得

$$x^2 + 2\left(\frac{b}{2a}\right)x + \left(\frac{b}{2a}\right)^2 = \left(\frac{b}{2a}\right)^2 - \frac{c}{a}$$

$$\Rightarrow \left(x + \frac{b}{2a}\right)^2 = \frac{b^2 - 4ac}{4a^2}$$

$$x = \frac{-b \pm \sqrt{b^2 - 4ac}}{2a}$$

上式即為一元二次方程式 $ax^2 + bx + c = 0$ ，$a \neq 0$ 之公式解。

例題 6

求方程式 $x^2 - 3x + 2 = 0$ 之解集合。

解 代入公式得

$$x = \frac{-(-3) \pm \sqrt{(-3)^2 - 4 \cdot 1 \cdot 2}}{2 \cdot 1}$$

$$= \frac{3 \pm 1}{2} = 1 \text{ 或 } 2$$

解集合 $\{1, 2\}$。

例題 7

求方程式 $x^2 + 3x - 2 = 0$ 之解集合。

解 代入公式得

$$x = \frac{-3 \pm \sqrt{3^2 - 4 \cdot 1 \cdot (-2)}}{2 \cdot 1}$$

$$= \frac{-3 \pm \sqrt{17}}{2}$$

解集合 $\left\{ \dfrac{-3 + \sqrt{17}}{2}, \dfrac{-3 - \sqrt{17}}{2} \right\}$。

例題 8

求方程式 $x^2 + 4x + 4 = 0$ 之解集合。

解 代入公式得

$$x = \frac{-4 \pm \sqrt{4^2 - 4 \cdot 1 \cdot 4}}{2 \cdot 1}$$
$$= -2$$

解集合 $\{-2\}$

方程式 $ax^2 + bx + c = 0$ 中之 $b^2 - 4ac = \Delta$，由上述諸例中可以發現：

(1) 當 $\Delta > 0$ 時，方程式 $ax^2 + bx + c = 0$ 有二個相異實根。

(2) 當 $\Delta = 0$ 時，方程式 $ax^2 + bx + c = 0$ 有二重根。

(3) 當 $\Delta < 0$ 時，方程式 $ax^2 + bx + c = 0$ 在實數中無解。

因 $\Delta = b^2 - 4ac$ 具有判斷方程式 $ax^2 + bx + c = 0$ 根之特性，故以"判別式"名之。

習題 1-1

1. 求方程式 $5x + 4 = 2x - 6$ 之解集合。

2. 求方程式 $\dfrac{2x-3}{4} = \dfrac{x+1}{3} + 1$ 之解集合。

3. 試以因式分解法，求下列方程式之解集合。

    (1) $2x^2 + 5x - 3 = 0$

    (2) $15x^2 + 17x + 4 = 0$

    (3) $15x^2 + 16x + 4 = 0$

    (4) $9x^2 + 12x + 4 = 0$

4. 試以公式法，求下列方程式之解集合。

    (1) $2x^2 + 5x - 3 = 0$

    (2) $9x^2 + 12x + 4 = 0$

    (3) $2x^2 + 3x - 1 = 0$

    (4) $x^2 - x + 2 = 0$

1-2　二元一次聯立方程式

在第一冊第三章第二節斜率與直線方程式式中，我們已經學到平面上的二元一次方程式 $ax+by+c=0$ 的圖形為一直線。接下來我們要討論二元一次聯立方程式的解

$$\begin{cases} a_1x+b_1y+c_1=0 & \text{……………………①} \\ a_2x+b_2y+c_2=0 & \text{……………………②} \end{cases}$$

當 $a_1a_2 \neq 0$ 時

①$\times a_2$，②$\times a_1$　可得

$$\begin{cases} a_1a_2x+a_2b_1y+a_2c_1=0 & \text{……………………③} \\ a_1a_2x+a_1b_2y+a_1c_2=0 & \text{……………………④} \end{cases}$$

③－④　可得 $(a_2b_1-a_1b_2)y=(a_1c_2-a_2c_1)$

(i)　若 $(a_2b_1-a_1b_2) \neq 0$，則 $y=\dfrac{a_1c_2-a_2c_1}{a_2b_1-a_1b_2}$

　　將 $y=\dfrac{a_1c_2-a_2c_1}{a_2b_1-a_1b_2}$ 代回①

　　解 $x=\dfrac{b_2c_1-b_1c_2}{a_2b_1-a_1b_2}$

(ii)　若 $(a_2b_1-a_1b_2)=0$ 且 $(a_1c_2-a_2c_1)=0$

　　則聯立方程式有無窮解

(iii) 若 $(a_2b_1-a_1b_2)=0$ 且 $(a_1c_2-a_2c_1) \neq 0$

　　則聯立方程式無解。

例題 1

求下列聯立方式之解。

$$\begin{cases} x + y = 1 \\ 3x - 5y = 11 \end{cases}$$

解　$\begin{cases} x + y = 1 & \cdots\cdots\cdots\cdots\cdots\cdots\cdots\cdots\cdots\cdots\cdots\cdots ① \\ 3x - 5y = 11 & \cdots\cdots\cdots\cdots\cdots\cdots\cdots\cdots\cdots\cdots\cdots ② \end{cases}$

①×3 可得 $\begin{cases} 3x + 3y = 3 & \cdots\cdots\cdots\cdots\cdots\cdots\cdots\cdots\cdots ③ \\ 3x - 5y = 11 & \cdots\cdots\cdots\cdots\cdots\cdots\cdots\cdots\cdots ④ \end{cases}$

③−④可得　$8y = -8$，$y = -1$

將 $y = -1$ 代回① 可得 $x = 2$

故解為 $\begin{cases} x = 2 \\ y = -1 \end{cases}$

例題 2

求下列聯立方程式之解。

$$\begin{cases} x + 2y = 5 \\ 4x + 8y = 20 \end{cases}$$

解　$\begin{cases} x + 2y = 5 & \cdots\cdots\cdots\cdots\cdots\cdots\cdots\cdots\cdots\cdots\cdots\cdots ① \\ 4x + 8y = 20 & \cdots\cdots\cdots\cdots\cdots\cdots\cdots\cdots\cdots\cdots\cdots ② \end{cases}$

①×4 可得 $\begin{cases} 4x + 8y = 20 & \cdots\cdots\cdots\cdots\cdots\cdots\cdots\cdots\cdots ③ \\ 4x + 8y = 20 & \cdots\cdots\cdots\cdots\cdots\cdots\cdots\cdots\cdots ④ \end{cases}$

③−④可得　$0 = 0$ 此時聯立方程式的解為無窮解

由①式可得　$x = 5 - 2y$，令 $y = t$　$(t \in R)$

$$\begin{cases} x = 5 - 2t \\ y = t \end{cases} \quad , \quad t \in R$$

為此聯立方程式的解。

例題 3

求下列聯立方程式之解。

$$\begin{cases} x + 2y = 5 \\ 4x + 8y = 21 \end{cases}$$

解 $\begin{cases} x + 2y = 5 & \cdots\cdots\cdots\cdots\cdots\cdots\cdots\cdots\cdots\cdots \text{①} \\ 4x + 8y = 21 & \cdots\cdots\cdots\cdots\cdots\cdots\cdots\cdots\cdots\cdots \text{②} \end{cases}$

①$\times 4$ 可得 $\begin{cases} 4x + 8y = 20 & \cdots\cdots\cdots\cdots\cdots\cdots\cdots\cdots \text{③} \\ 4x + 8y = 21 & \cdots\cdots\cdots\cdots\cdots\cdots\cdots\cdots \text{④} \end{cases}$

③－④可得　$0 = -1$ 矛盾

故此聯立方程式為無解。

本節一開始時有提到二元一次方程式 $ax + by + c = 0$ 之圖形為一直線，故聯立方程式中之 $a_1 x + b_1 y + c_1 = 0$ 可視為直線 L_1，$a_2 x + b_2 y + c_2 = 0$ 可視為直線 L_2；平面上任意兩條直線可能出現下列三種情況：

(1) 兩直線交一點

(2) 兩直線重合

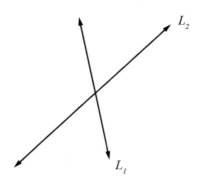

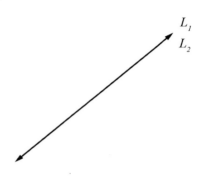

(3) 兩直線平行

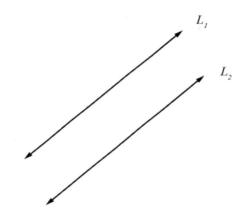

定理 1-1

二元一次聯立方程式

$$\begin{cases} a_1x + b_1y + c_1 = 0 \\ a_2x + b_2y + c_2 = 0 \end{cases}$$

(1) 若 $\dfrac{a_1}{a_2} \neq \dfrac{b_1}{b_2}$ ，則聯立方程式恰有一組解，表兩直線交於一點。

(2) 若 $\dfrac{a_1}{a_2} = \dfrac{b_1}{b_2} = \dfrac{c_1}{c_2}$ ，則聯立方程式有無窮解，表兩直線重合。

(3) 若 $\dfrac{a_1}{a_2} = \dfrac{b_1}{b_2} \neq \dfrac{c_1}{c_2}$ ，則聯立方程式無窮，表兩直線平行。

證明 略

習題 1-2

EXERCISE

1. 求下列聯立方程式之解。

$$(1) \begin{cases} 3x + 4y = 2 \\ 4x = 3y + 5 \end{cases}$$

$$(2) \begin{cases} 3x - 5y = 6 \\ 9x = 15y + 8 \end{cases}$$

$$(3) \begin{cases} x - 2y = 3 \\ 4y + 6 = 2x \end{cases}$$

2. 試就下列所給二直線方程式，判斷該二直線關係。

（平行，重合，交於一點，交於一點且垂直）

(1) $L_1 : 3x + 4y = 2$ ， $L_2 : 4x = 3y + 5$

(2) $L_1 : 3x - 5y = 6$ ， $L_2 : 9x = 15y + 8$

(3) $L_1 : x - 2y = 3$ ， $L_2 : 4y + 6 = 2x$

(4) $L_1 : 3x - 2y + 1 = 0$ ， $L_2 : 6y - 4x + 2 = 0$

CHAPTER
2

指數函數與對數函數

2-1　實數指數函數

設 $a \in R$，且 $a \neq 0$，$n \in N$

則

$$\overbrace{a \times a \times a \times \cdots\cdots \times a}^{n個} = a^n$$

其中 a 稱為底數，n 稱為指數。

例：

$$7 \times 7 \times 7 \times 7 \times 7 \times 7 = 7^6$$

一、指數律

設 $a, b \in R$，且 $a, b \neq 0$，$x, y \in N$

則

1. $a^x \cdot a^y = a^{x+y}$

2. $\dfrac{a^x}{a^y} = a^{x-y}$

3. $(a^x)^y = a^{xy}$

4. $(ab)^x = a^x \cdot b^x$

5. $\dfrac{a^x}{b^x} = \left(\dfrac{a}{b}\right)^x$

由指數律可推得下列性質：

1.　$a^n = a^{n+0} = a^n \cdot a^0$ ，$a \neq 0$ 且 $n \in N$

　　故

$$a^0 = 1$$

2.　$a^0 = a^{n-n} = a^n \cdot a^{(-n)}$ ，$a \neq 0$ 且 $n \in N$

　　即

$$1 = a^n \cdot a^{-n}$$

　　故

$$a^{-n} = \frac{1}{a^n} \text{（或 } a^n = \frac{1}{a^{-n}} \text{）}$$

3.　$a = a^{n \times \frac{1}{n}} = \left(a^{\frac{1}{n}} \right)^n$ ，$a > 0$ 且 $n \in N$

　　故

$$a^{\frac{1}{n}} = \sqrt[n]{a}$$

4.　$a^q = a^{\frac{q}{p} \cdot p} = \left(a^{\frac{q}{p}} \right)^p$ ，$a > 0$ 且 $p, q \in N$

　　故

$$a^{\frac{q}{p}} = \sqrt[p]{a^q}$$

例題 1

求 $27^{\frac{2}{3}} - \left(\frac{1}{8}\right)^{-2} + \left(\frac{16}{81}\right)^{-\frac{3}{4}}$ 之值。

解 原式 $= \left(27^{\frac{1}{3}}\right)^2 - (8^{-1})^{-2} + \left[\left(\frac{16}{81}\right)^{-1}\right]^{\frac{3}{4}}$

$\qquad = 3^2 - 8^2 + \left[\left(\frac{81}{16}\right)^{\frac{1}{4}}\right]^3$

$\qquad = 9 - 64 + \left(\frac{3}{2}\right)^3 = -55 + \frac{27}{8} = \frac{-413}{8}$

設 $a > 0$ 且 $a \neq 1$，則函數 $y = f(x) = a^x$ 稱為以 a 為底的實數指數函數，其定義域為 R，值域為 $(0, \infty)$

即

$$f : R \longrightarrow (0, \infty)$$

例題 2

試作 $y = 2^x$ 圖形。

解

x	-2	-1	0	1	2	3
y	$\frac{1}{4}$	$\frac{1}{2}$	1	2	4	8

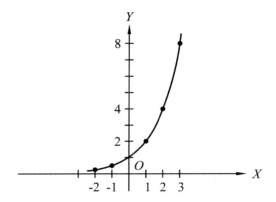

例題 3

試作 $y = \left(\dfrac{1}{2}\right)^{x}$ 圖形。

 解

x	-2	-1	0	1	2
y	4	2	1	$\dfrac{1}{2}$	$\dfrac{1}{4}$

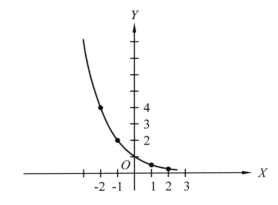

由上面兩例，可知

1. 當 $a > 1$ 時，$y = f(x) = a^x$ 為嚴格遞增函數。

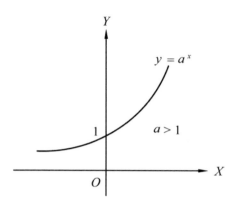

圖 2.1

2. 當 $0 < a < 1$ 時，$y = f(x) = a^x$ 為嚴格遞減函數。

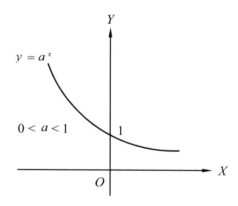

圖 2.2

定理 **2-1**

設 $0 < a \neq 1$ 且 $f(x) = a^x$，$x \in R$

則

$$f(x_1 + x_2) = f(x_1) \cdot f(x_2)，x_1, x_2 \in R$$

證明

$$f(x_1 + x_2) = a^{x_1 + x_2} = a^{x_1} \cdot a^{x_2} = f(x_1) \cdot f(x_2)$$

習題 2-1

1. 設 $9^x = 7$，求各下列各值：

    (1) 3^x

    (2) 27^x

    (3) 81^{-x}

2. 求 $8^{-\frac{2}{3}} - 36^{\frac{3}{2}}$ 之值。

3. 設 $0 < a \neq 1$ 且 $f(x) = a^x + a^{-x}$，試證 $f(x+y) \cdot f(x-y) = f(2x) \cdot f(2y)$。

4. 設 $x^{\frac{1}{2}} + x^{-\frac{1}{2}} = 3$，求 $x + x^{-1} + 5$ 之值。

5. 化簡下列各題：

    (1) $(a^2 b^3)^{-2} (a^3 b^3)$

    (2) $\sqrt{ab^2} (a^{\frac{1}{3}} b^{\frac{1}{2}})^2$

6. 試將下列各題之數由小到大排列：

    (1) $\left(\sqrt{2}\right)^9$，$(0.125)^{-3}$，$\left(\dfrac{1}{\sqrt[3]{2}}\right)^{15}$，$\left(\sqrt{8}\right)^4$

    (2) $(0.3)^2$，$\left(\sqrt{0.3}\right)^3$，$\left(\dfrac{1}{\sqrt{0.3}}\right)^{-5}$

2-2　對數函數及其性質

　　從上節，顯然的，$f(x)=a^x$ 為嚴格單調函數，故為一對一函數，因此其反函數存在，稱之為對數函數，以 $\log_a x$ 表之（ a 稱為底數）。

　　由反函數基本定義：

$$a>0 \text{ , } a \neq 1$$

則

$$a^y = x \Leftrightarrow y = \log_a x$$

其中

$$x \in (0,\infty) \text{ , } y \in R$$

故

$$\begin{matrix} a^0 = 1 \\ a^1 = a \end{matrix} \Leftrightarrow \begin{matrix} \log_a 1 = 0 \\ \log_a a = 1 \end{matrix}$$

且

$$f^{-1}\big(f(x)\big)=x \text{ , } x \in domf \text{ （ } domf \text{ 表示 } f \text{ 的定義域）}$$

$$f\big(f^{-1}(x)\big)=x \text{ , } x \in ranf \text{ （ } ranf \text{ 表示 } f \text{ 的值域）}$$

因此

$$\log_a a^x = x \text{，} x \in R$$

$$a^{\log_a x} = x \text{，} x \in (0, \infty)$$

指數函數與對數函數互為反函數，因此圖形對稱於 $y = x$

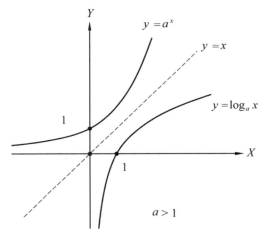

圖 2.3

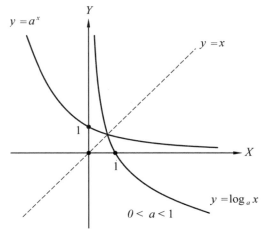

圖 2.4

定理 **2-2**

設 $0 < a \neq 1$ 且 $x, y > 0$ 則

(1) $\log_a xy = \log_a x + \log_a y$

(2) $\log_a \frac{x}{y} = \log_a x - \log_a y$

(3) $\log_a \frac{1}{y} = -\log_a y$

(4) $\log_a x^y = y \log_a x$

證明

(1)和(2)令

$$a^M = x \text{ , } a^N = y$$

則

$$\log_a x = M \text{ , } \log_a y = N$$

$$\log_a xy = \log_a \left(a^M \cdot a^N \right) = \log_a a^{M+N} = M + N = \log_a x + \log_a y$$

$$\log_a \frac{x}{y} = \log_a \frac{a^M}{a^N} = \log_a a^{M-N} = M - N = \log_a x - \log_a y$$

(3)由(2) $\log_a \frac{x}{y} = \log_a x - \log_a y$

令 $x = 1$

則

$$\log_a \frac{1}{y} = \log_a 1 - \log_a y = 0 - \log_a y = -\log_a y$$

(4)令 $a^M = x$

則

$$\log_a x = M$$

故

$$\log_a x^y = \log_a \left(a^M\right)^y = \log_a a^{My} = My = y\log_a x$$

推論 2-2.1

設 $0 < a \neq 1$ 且 $x > 0$，n 為正整數

則

$$\log_a \sqrt[n]{x} = \frac{1}{n}\log_a x$$

例題 1

求 $\log_3 9$，$\log_3 81$，$\log_3 \sqrt[5]{9}$，$\log_{16} 0.5$。

解 $\log_3 9 = \log_3 3^2 = 2\log_3 3 = 2\cdot 1 = 2$

$\log_3 81 = \log_3 3^4 = 4\log_3 3 = 4\cdot 1 = 4$

$$\log_3 \sqrt[5]{9} = \log_3 3^{\frac{2}{5}} = \frac{2}{5}\log_3 3 = \frac{2}{5}$$

$$\log_{16} 0.5 = \log_{16}\frac{1}{2} = \log_{16} 16^{-\frac{1}{4}} = \left(-\frac{1}{4}\right)\log_{16} 16 = -\frac{1}{4}$$

例題 2

已知 $\log_{10} 2 = 0.3010$ ， $\log_{10} 3 = 0.4771$ ，求 $\log_{10} 10800$ 。

解　$\begin{aligned} \log_{10} 10800 &= \log_{10}(2^2 \cdot 3^3 \cdot 10^2) = \log_{10} 2^2 + \log_{10} 3^3 + \log_{10} 10^2 \\ &= 2\log_{10} 2 + 3\log_{10} 3 + 2\log_{10} 10 \\ &= 2(0.3010) + 3(0.4771) + 2\cdot 1 = 4.0333 \end{aligned}$

定理 2-3

設 $0 < a \neq 1$ ， $x > 0$ 且 $0 < c \neq 1$

則

(1) $\log_a x = \dfrac{\log_c x}{\log_c a}$ （換底數）

(2) $\log_a c = \dfrac{1}{\log_c a}$

(3) $\log_a x = -\log_{\frac{1}{a}} x$

證明 (1) 由定義　$a^{\log_a x} = x$

等號兩邊取　$\log_c$

則

$\log_c a^{\log_a x} = \log_c x$

$\log_a x \cdot \log_c a = \log_c x$（定理 5-2　(4)）

故

$\log_a x = \dfrac{\log_c x}{\log_c a}$

(2) 令 $x = c$　代入(1)中

則

$\log_a c = \dfrac{\log_c c}{\log_c a} = \dfrac{1}{\log_c a}$

(3) $-\log_{\frac{1}{a}} x = \dfrac{\log_c x}{-\log_c \frac{1}{a}}$　（由(1)）

$= \dfrac{\log_c x}{\log_c (\frac{1}{a})^{-1}} = \dfrac{\log_c x}{\log_c a}$

$= \log_a x$

例題 3

設 $\log_3 2 = a$ ， $\log_5 3 = b$ ，求 $\log_{32} 40$ 。

解

$$\log_{32} 40 = \frac{\log_3 40}{\log_3 32} = \frac{\log_3(2^3 \times 5)}{\log_3(2^5)}$$

$$= \frac{3\log_3 2 + \log_3 5}{5\log_3 2} = \frac{3\log_3 2 + \dfrac{1}{\log_5 3}}{5\log_3 2}$$

$$= \frac{3a + \dfrac{1}{b}}{5a} = \frac{3ab + 1}{5ab}$$

以 $e(= 2.71828\cdots)$ 為底的對數函數，稱為自然對數函數，以 $\ln$ 表之

即 $\log_e x = \ln x$

關於自然對數部分，將於微積分課程再做進一步的探討。

習題　2-2

EXERCISE

1. 求下列各對數值：

(1) $\log_{\frac{1}{3}} 243$

(2) $\log_{\frac{2}{3}} \dfrac{3}{2}$

(3) $\log_{10} \sqrt{100000}$

(4) $\log_{0.5}(\log_2 4)$

2. 求下列各式中的 a：

(1) $\log_a 27 = 3$

(2) $\log_{\sqrt{2}} a = 4$

(3) $\log_a (\log_{10} 10\sqrt{10}) = 1$

3. 計算下列各式：

(1) $(\log_2 9) \cdot (\dfrac{1}{2}\log_3 2) + \log_{\frac{1}{2}} 16$

(2) $\log_3 \dfrac{2}{9} + \log_3 \dfrac{16}{7} + \log_3 \dfrac{21}{32}$

(3) $\log_{10} \dfrac{4}{7} - \dfrac{4}{3}\log_{10} \sqrt{8} + \dfrac{2}{3}\log \sqrt{343}$

4. 設 $\log_2 3 = a$，$\log_3 11 = b$，以 a 與 b 表示 $\log_{66} 44$。

5. 設 $0 < a$，$b \neq 1$，$xyz \neq 0$ 且 $a^x = b^y = (ab)^z$，試證 $z = \dfrac{xy}{x+y}$。

6. 比較下列各數大小：

(1)　$\log_5 \dfrac{1}{\sqrt{2}}$ ，$\log_5 0.5$ ，$\log_5 1$

(2)　$\log_{0.1} 2$ ，$\log_{0.1} \sqrt{3}$ ，$\log_{0.1} \dfrac{3}{2}$

2-3　常用對數，對數表的使用

以 10 為底的對數函數，稱為常用函數，以 $\log_{10} x$ 表之，簡記為 $\log x$。

例題 1

$\log 10 = 1$

$\log 0.01 = \log 10^{-2} = -2 \log 10 = -2$

$\log 10000 = \log 10^4 = 4 \log 10 = 4$

對任一正數 a，必存在一正數 b，且 $1 \le b < 10$ 使得

$$a = 10^n \cdot b$$

等號兩邊同取 log

則

$$\log a = \log(10^n \cdot b) = \log 10^n + \log b$$
$$= n \log 10 + \log b$$
$$= n + \log b$$

且

$$\log 1 \le \log b < \log 10$$

$$0 \le \log b < 1$$

在此，$\log a = n + \log b$ 稱為 $\log a$ 的標準式，而式中，n 稱為 $\log a$ 的首數，$\log b$ 稱為 $\log a$ 的尾數（$0 \leq$ 尾數 < 1）。

例題 2

已知 $\log 2.1 = 0.3222$，求 $\log 210$ 的值及首數、尾數。

 解

$$\log 210 = \log(10^2 \times 2.1) = 2\log 10 + \log 2.1$$
$$= 2 + 0.3222 = 2.3222$$

首數 2，尾數 0.3222

從 $\log a$ 的標準式可得：

(1) 當 $a \geq 1$ 時

　　$\log a = n + \log b$　　表示 a 有 $n+1$ 位整數。

(2) 當 $0 < a < 1$ 時

　　$\log a = n + \log b$　　此時 $n < 0$

表示小數點以下第 $|n|$ 位為非零之數。

例題 3

已知 $\log 4.36 = 0.6395$ 求：

(1)　436^{10} 為幾位數？

(2)　$\dfrac{1}{436^5}$ 小數點下有幾個零？

解 (1) $\log 436^{10} = 10\log 436 = 10(\log 10^2 + \log 4.36)$

$$= 10(2 + 0.6395)$$

$$= 26 + 0.395$$

首數 $n = 26$，尾數 0.395，故 436^{10} 為 27 位數

(2) $\log \dfrac{1}{436^5} = \log 436^{-5} = -5\log 436 = -5(\log 10^2 + \log 4.36)$

$$= -5(2 + 0.6395) = -10 - 3.1975 = -13.1975$$

$$= -14 + 0.8025$$

首數 -14，尾數 0.8025

$|n| = |-14| = 14$

故 $\dfrac{1}{436^5}$ 小數點以下第 14 位非 0

在例 3 中，$\log \dfrac{1}{436^5} = -14 + 0.8025$ 亦可表為 $\log \dfrac{1}{436^5} = \overline{14}.8025$。關於例 2 和例 3 中的尾數，可藉由對數表查得。本書所採用的對數表（附錄一）為四位常用對數表，"四位"顧名思義，表示小數點以下取四位近似值。另外，本表是針對 $\log a$，a 必須為三位數，表中最左邊第一行（N 的下面）表示 a 的前二位數，最上面第一列（N 的右邊）表示 a 的最後一位數，而其交會處即為尾數。

例題 4

查表，求 $\log 2.98$ ， $\log 29.8$ ， $\log 298$ 的尾數。

解 對 298 而言，前二位數為 29，最後一位數為 8

在 N 下面找 29 所在處，往右畫一橫線

在 N 右邊找 8 所在處，往右畫一直線

在表中，可看出橫線與直線交會處的值為 4742

故 $\log 2.98$ ， $\log 29.8$ ， $\log 298$ 的尾數均為 0.4742

例題 5

設 $\log a = -4.2958$ ，求 a 。

解 $\log a = -4.2958 = -5 + 0.7042$

尾數 0.7042 由表中知，為 $\log 506$ 的尾數

首數 -5 ，故 a 的小數點以下有 4 個零

因此， $a = 0.0000506$

習題 2-3

EXERCISE

1. 查表求下列各對數值：

   (1) $\log 3.57$

   (2) $\log 49.8$

   (3) $\log 0.72$

   (4) $\log 0.00125$

2. 查表求 x：

   (1) $\log x = 0.8388$

   (2) $\log x = 2.4698$

   (3) $\log x = \overline{3}.5378$

3. 求下列各數有幾位整數：

   (1) 388^7

   (2) 5341^5

4. 求下列各數，小數點以下第幾位不為零：

   (1) $\dfrac{1}{(318)^3}$

   (2) $\dfrac{1}{(525)^5}$

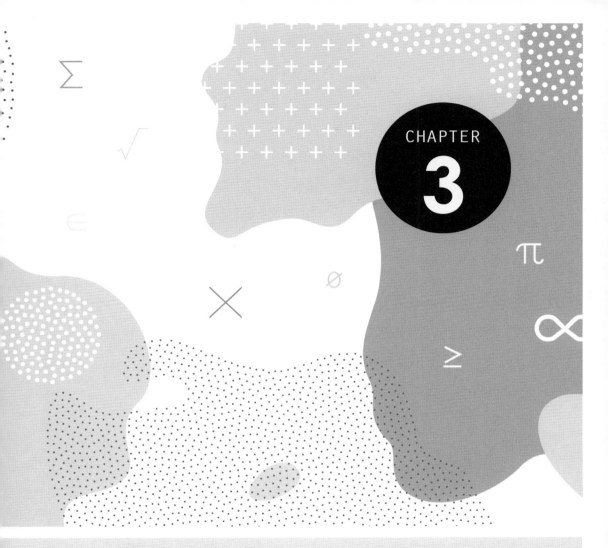

排列組合

3-1　排列

在這一章裡，我們有系統地介紹一些計算的原理，過程和方法。在談到排列之前，我們先討論二個基本計數原則——乘法原理及加法原理。

一、乘法原理

首先考慮以下問題：

設某人從甲城經乙城到丙城，而甲城到乙城有 2 種方式，乙城到丙城有 3 種方式，試問某人共有幾種不同的方式可由甲城到達丙城？

如圖 3.1，以 A_1、A_2 表示甲城到乙城之方式，以 B_1、B_2、B_3 表示乙城到丙城之方式，則由甲城經乙城到丙城共有以下 6 種方式：

$$A_1B_1 \text{、} A_1B_2 \text{、} A_1B_3 \text{；} A_2B_1 \text{、} A_2B_2 \text{、} A_2B_3$$

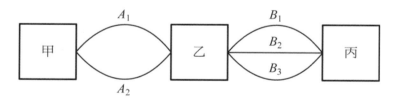

圖 3.1

討論：我們可將「某人由甲城經乙城到丙城」視成完成一件事，而此事完成之動作分為二個步驟：一為「由甲城到乙城」，另一為「由乙城到丙城」，並且認為完成第一個步驟有 2 種方法，完成第二個步驟有 3 種方法，則完成此事共有 $3 \times 2 = 6$ 種方法。由以上之討論可以得到一個一般性的結論：

　　若完成某件事有 k 個步驟，其中第 i 個步驟有 m_i 種方法可達成，則完成此事件共有 $m_1 \times m_2 \times \cdots \times m_k$ 種方法。

例題 1

投擲 2 個銅板及一個骰子，問共有幾種結果發生？

解　投擲任一銅板有 2 種結果（正面，反面），而投擲骰子有 6 種結果
　　　（1 到 6 之數字），根據乘法原理知共有 $2 \times 2 \times 6 = 24$ 種結果。

二、加法原理

　　再看以下問題：

例題 2

自臺北到高雄，由水路有 2 種方法，由陸路有 5 種走法，問某人
由臺北到高雄共有幾種方法？

解　自臺北到高雄只要選擇水路或陸路中之任一路線即可到達，故共有
　　　$2 + 5 = 7$ 種方法。

　　由上例我們敘述一般性的結論：

　　若完成一件事共有 k 類方法，但只要選擇其一類方法中之任一方法即可完成。設第 i 類方法共有 m_i 種，$i = 1, 2, \ldots, k$ ，且此 $(m_1 + m_2 + \cdots + m_k)$ 中任兩種方法都有不相同，則完成這件事的方法共有 $m_1 + m_2 + \cdots + m_k$ 種。

從一群事物中，取其一部分或全部排成種種的次序，稱為一種**排列**。其排列之所有方法的數目，稱為**排列數**。以下我們將討論幾種不同類型之排列。首先，我們先介紹一個新名詞——**階乘**。

定義 3-1

1. $1,2,3,\ldots,n-1,n$ 的連乘積，叫做 n 的階乘
   即 $1\times 2\times\cdots\times(n-1)\times n=n!$（讀作 n 階乘）

2. 規定 $0!=1$

例題 3

$$1!=1$$
$$2!=1\times 2=2$$
$$3!=1\times 2\times 3=6$$
$$4!=1\times 2\times 3\times 4=24$$
$$5!=1\times 2\times 3\times 4\times 5=120$$
$$6!=1\times 2\times 3\times 4\times 5\times 6=720$$

三、直線排列

假設有 n 個不同的物品，將其排成一列，稱為直線排列。我們以討論的方式來探討直線排列的規則。假設有 10 個不同的球要排成一列，我們想計算共有多少種排列方法。可假設有 10 個箱子排成一列，以 $1,2,\ldots,10$ 表示第一到第十個箱子。首先自 10 個球中任選一個放入 1 號箱，共有 10 種方法。（見圖 3.2）

圖 3.2

第二步驟是從剩下的 9 個球中取出一個放入 2 號箱中，共有 9 種方法，依此方式繼續下去，可知放入第三號箱有 $10-(3-1)=8$ 種方法，第 10 號箱有 $10-(10-1)=1$ 種方法。故由乘法原理知將 10 個球放入 10 個箱子共有 $10 \times 9 \times 8 \times 7 \times \cdots \times 2 \times 1 = 10!$ 種方法。

因此我們可以得到一個一般性之結論：由 n 個不同物品中，全部取出排成一列，共有 $n \times (n-1) \times \cdots \times 2 \times 1 = n!$ 種不同的排列方式。

我們以 P_n^n 代表此種排列的排列數，即

$$P_n^n = n \times (n-1) \times \cdots \times 3 \times 2 \times 1 = n!$$

例題 4

五本不同的書，放在書架上，有多少種不同的放法？

解 共有 $P_5^5 = 5! = 5 \times 4 \times 3 \times 2 \times 1 = 120$ 種放法

例題 5

將 mathematics 中不同的字母 a, c, e, h, i, m, s, t，8 個排成一列，首位必用母音，末位必用子音，則共有幾種排列？

解

母音有 3 個 a, e, i；子音有 5 個 c, h, m, s, t 。故字首有 3 種排法，字尾有 5 種排法，字首字尾選定後，字中為 6 個物品之直線排列有 6!種方法，由乘法原理知，共有 $3 \times 6! \times 5 = 10800$ 種排法。

　　假設 n 個不同的物品中，我們只取一部分 m 個（即不一定全部取出排列）來排成一列，此種情況共有幾種排列法？由上面之討論，我們可想成有 n 個球放入 m 個箱子中，而此動作分成 m 個步驟完成，見圖 3.3。

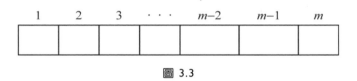

圖 3.3

第一步驟： 從 n 個球中取一個放入 1 號箱中，有 n 種方法。

第二步驟： 從剩下的 $n-1$ 個球取一個放入 2 號箱中，有$(n-1)$種方法。

　　同理可得放入 3 號箱有$(n-2)$種方法，…放入 m 號箱有 $n-(m-1)=n-m+1$ 種方法。再由乘法原理知，此種排列共有 $n \times (n-1) \times \cdots \times (n-m+1)$ 種方法。因此我們知道由 n 個不同物品中取出 m 個排成一列，共有 $n \times (n-1) \times \ldots \times (n-m+1)$ 種排列法，我們以 P_m^n 代表此種排列的排列數。

在計算 P_m^n 時有兩種情況：

(1) 若 $m < n$

則

$$P_m^n = n \times (n-1) \times \cdots \times (n-m+1)$$
$$= \frac{n \times (n-1) \times \cdots \times (n-m+1) \times (n-m)!}{(n-m)!}$$
$$= \frac{n!}{(n-m)!}$$

(2) 若 $m = n$

則

$$P_m^n = P_n^n = n!$$

前面已規定 $0! = 1$，則一般而言，若 $1 \leq m \leq n$，m, n 為自然數

則

$$P_m^n = \frac{n!}{(n-m)!}$$

例題 6

由 $5, 6, 7, 8, 9$ 的 5 個數字中，任取 2 個排成一數字不重複之 2 位數，問共有幾個 2 位數？

解 此題為從 5 個相異事物中，任取 2 個的排列，故共有 $P_2^5 = \dfrac{5!}{(5-2)!} = 5 \times 4 = 20$ 個 2 位數。

例題 7

有教師 2 人，學生 5 人排成一列，問二教師間恰有 3 個學生之排列共有多少種排法？

解 (1) 任取學生 3 人為一組排列數為 $P_3^5 = 60$。

(2) 二教師加上三學生為一整體，共有 $P_3^5 \times 2 = 120$ 種排法。

故加上其餘二學生之排列法計有

$$P_3^5 \times 2 \times 3! = 720 \text{ 種}$$

　　在排列時，如果事物分成幾類，且各類中為相同物品，則其排列法稱為不盡相異物之排列，其結果與前面討論有所不同。

例題 8

三個字母 A，一個字母 D 排成一列，共有多少種排法？

解 視三個字母 A 為同一類，但各不相同，以 A_1, A_2, A_3 表示，與 D 排列則共有 $P_4^4 = 4! = 24$ 種排列法。但事實上，

$$\begin{cases} A_1, A_2, A_3, D \\ A_1, A_3, A_2, D \end{cases} \begin{cases} A_2, A_1, A_3, D \\ A_2, A_3, A_1, D \end{cases} \begin{cases} A_3, A_1, A_2, D \\ A_3, A_2, A_1, D \end{cases}$$

為同一種排法，卻因視字母 A 為不同，而由一種排列法變成 $3!$ 種排列法。因此，在字母 A 為相同的情況下共有 $\dfrac{(3+1)!}{3!} = 4$ 種排列法。

由例題 8 的討論，可以得到一簡單結論：

假設 n 個物品中分成 2 組，其中一組有 m 個相同，另一組皆不相同，則此 n 個物品全取的排列數為 $\dfrac{n!}{m!}$。

例題 9

將圍棋黑子 4 個，白子 3 個排成一列，共有多少種排列法？

解　在每一種排列法中，若將兩個相同顏色之棋子交換位置，此排列不改變。視每一棋子為不同時，黑子有 4! 種排列，而白子有 3! 種排列，故共應有 $\dfrac{(4+3)!}{4! \times 3!} = 35$ 種排列法。

我們因此可推廣以上結果得到下面的結論：

設有 n 件物品分為 k 類，第 i 類有 m_i 個，且 $m_1 + m_2 + \cdots + m_k = n$，則將此 n 個物品全取排成一列，其排列數以 $\binom{n}{m_1, m_2, \ldots, m_k}$ 表示，而

$$\binom{n}{m_1, m_2, \ldots, m_k} = \frac{n!}{m_1! \times m_2! \times \cdots \times m_k!}$$

例題 10

如圖 3.4，由甲地到乙地間，南北向道路有 5 條，東西向道路有 4 條，若規定由甲地到乙地只可走最近路程（即走捷徑），問共有幾種走法？

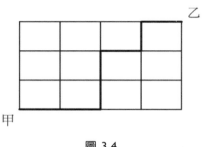

圖 3.4

解 依題目規定，只可向東走或向北走。向東走過一條街以 E 表示，向北走一條街以 N 表示，則圖中黑線條所指出之一種路線為 $EENNENE$，因此由前所得之結論知道共有 $\dfrac{(4+3)!}{4! \cdot 3!} = 35$ 種走法可由甲地走到乙地。

習題 **3-1**

EXERCISE

1. 求滿足下列各式中自然數 n 之值：

(1) $P_3^{n+1} - 10P_2^{n-1} = 0$

(2) $P_4^{n+2} : P_3^{2n} = 3 : 2$

2. 一個場地有 3 個出入口，問由不同出入口進出的方法有多少種？

3. 由 1, 2, 3, 4, 5, 6, 7, 8 做成數字相異的五位數，則

(1) 共有多少個不同的五位數。

(2) 若規定奇數位必用奇數，求有多少個五位數？

4. A, B, C, D, E 五人排成一列，求下列各排列數：

(1) 任意排列

(2) A 排首但 B 不排尾

(3) A, B, C 分開

5. 將 "MISSISSIPPI" 一字的字母，全取的排列數有多少？

6. 縱街 7 條，橫街 5 條，一人由 A 走到對角 B 要取捷徑，問：

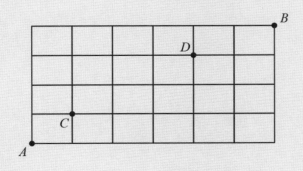

(1) 有幾種不同的走法？

(2) 若每次需經過 C 點，則其走法有多少種？

(3) 不經過 C 點的走法有多少種？

(4) 至少經過 C 或 D 之一的走法有多少種？

7. $(a+b+c+d)(x+y+z)$ 展開後有幾項？

8. 「鳳凰臺上鳳凰遊」七個字全取排列：

(1) 任意排有幾種排法？

(2) 同字相鄰有幾種排法？

(3) 凰字不相鄰有幾種排法？

3-2 重複排列

　　自 n 件相異物品中，任選 m 件作可重複的排列，稱為 n 中取 m 的重複排列，其排列數為 n^m。我們仍以 n 個球放入 m 個箱子為例，說明重複排列的排列數，如圖 3.5。

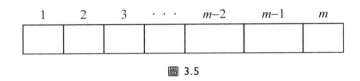

圖 3.5

1. 由 n 個當中任選 1 個放入 1 號箱，有 n 種選法。

2. 因為此時可以重複選擇，仍有 n 種選法可以選出一球放入 2 號箱。

3. 以相同方法進行 m 次，即可將 m 個箱子中每一個箱子中之物品排定完成，且每一次均有 n 種方法，故由乘法原理知共有 $\underbrace{n \times n \times \cdots \times n}_{m \text{個} n \text{相乘}} = n^m$

　種排列方法。

　　換言之，將 m 個事物分別歸類於 n 組不同的物件中，排成一列，亦為重複排列，其排列數為 n^m。

例題 1

　　由 1,3,5,7,9 中 5 個數字所構成數字可以重複的四位數有幾個？

解 千位數可以有 1,3,5,7,9 五種選法，百位數，十位數和個位數亦可取 1,3,5,7,9 等五位數，故本題相當於 5 件物品中選取 4 件之重複排列，共有 $5 \times 5 \times 5 \times 5 = 5^4 = 625$ 個四位數。

例題 2

將 5 封信投入 3 個信箱共有幾種方法？

解 任何一封信有 3 種不同的投法，即如同 5 個事物分別歸於三類不同物件中，而排成一列，此種重複排列的排列數有 $3 \times 3 \times 3 \times 3 \times 3 = 3^5$。

例題 3

6 種不同的酒，4 個不同的酒杯，每杯都要倒一種酒，但不可混酒，共有幾種倒法？

解 每個酒杯有 6 種酒可選

$$6 \times 6 \times 6 \times 6 = 1296 \text{ 種}$$

例題 4

渡船 3 艘，每艘最多只能載 5 名乘客，求下列各情況有多少種安全過渡的方法？

(1)4 人過渡　　(2)5 人過渡　　(3)6 人過渡。

解 (1) 4 人，每人有 3 艘船可選

$3 \times 3 \times 3 \times 3 = 81$ 種

(2) 5 人，每人有 3 艘船可選

$3 \times 3 \times 3 \times 3 \times 3 = 243$ 種

(3) 6 人，每人有 3 艘船可選，扣除 6 人坐同一條船

$3 \times 3 \times 3 \times 3 \times 3 \times 3 - 3 = 3^6 - 3 = 726$ 種

1. 渡船 4 艘，每船最多可載 6 人，今有下列人數要同時完全渡過，則其渡河方法有幾種？　(1) 5 人　(2) 6 人　(3) 7 人

2. 某班有學生 50 人，報考大學聯考甲、乙、丙、丁四組，求報名方式有多少種？

3. 以 26 個英文字母為元素的不同的 (3×5) 階矩陣共有多少個？

3-3　組　合

　　從 n 個不同物品中，每次取 m 個為一組，若不計同一組中其前後排列順序，則稱為由 n 個不同物品中每次取 m 個的組合。其中的每一組稱為一種組合，而組合之總數稱為組合數，以 C_m^n 或 $\binom{n}{m}$ 表示，此處之 $m \le n$。

定理 3-1

　　從 n 個不同物品中，每次取 m 個之組合數

$$C_m^n = \frac{n!}{m! \times (n-m)!} = \frac{P_m^n}{m!}$$

證明

1. 自 n 中取 m 的組合為 C_m^n。

2. 所取出之 m 個物品，任意排列，共有 $m!$ 種方法。

　　故由乘法原理可知

$$C_m^n \times m! = P_m^n$$

　　所以可得

$$C_m^n = \frac{P_m^n}{m!} = \frac{n!}{m!(n-m)!} \ , \ (m \le n)$$

例題 1

平面上相異五點，其中三點皆不共線，試求可決定幾條直線？

解 不考慮順序的任意 2 點可決定這一條直線，但其中的任意三點皆不共線，故由定理 1 知道共可決定 $C_2^5 = \dfrac{5!}{2! \cdot 3!} = 10$ 條直線。

例題 2

學生 10 人中選出 4 人參加辯論比賽。

(1) 有多少種選法？

(2) 若某 2 人指定要參加，則有多少種選法？

解 (1) 10 人中任選 4 人一組共有

$$C_4^{10} = \frac{10!}{4!(10-4)!} = \frac{10 \cdot 9 \cdot 8 \cdot 7}{4 \cdot 3 \cdot 2 \cdot 1} = 210 \text{ 種方法。}$$

(2) 因為某 2 人一定要參加，故只須從剩下的 8 人中任選 2 人參加即可，所以共有

$$C_2^8 = \frac{8!}{2!6!} = \frac{8 \times 7}{2 \cdot 1} = 28 \text{ 種方法。}$$

定理 3-2

1. $C_m^n = C_{n-m}^n$ ， $0 \le m \le n$ 。

2. $C_m^n = C_m^{n-1} + C_{m-1}^{n-1}$ 證明只須利用 C_m^n 之定義來計算即可得到。

重複組合

　　從 n 類之相異物品中，每類均不少於 m 件，則由其中任意選取 m 個為一組，而各組中，每類物品可以重複選取 1 次，2 次 3 次…或 m 次。此種組合，稱為 n 中取 m 的**重複組合**，其組合數以 H_m^n 表示。

例題 3

有甲、乙、丙三類物品，每一類均超過 4 項，則由甲、乙、丙三類物品中每次取 4 項的所有可能方法有多少種？

解　依題意，所求方法數為 H_4^3，我們以甲為標準，依數目來討論：
(1) 甲取 4 個，只有一種組合。
(2) 甲取 3 個，配合 1 個乙或 1 個丙，有 2 種組合。
(3) 甲取 2 個，配合 2 個乙或 2 個丙或 1 個乙 1 個丙，共有 3 種組合。
(4) 甲取 1 個，配合 3 個乙或 3 個丙或 2 個乙 1 個丙或 1 個乙 2 個丙，有 4 種組合。
(5) 甲取 0 個，配合 4 個乙或 4 個丙或 3 個乙 1 個丙或 2 個乙 2 個丙，或 1 個乙 3 個丙，共有 5 種組合。
(1)~(5)合起來共有 $1+2+3+4+5=15$ 種組合即 $H_4^3=15$。

　　以下我們仍就例題 3，以分析的方式導出如何求得一般 H_m^n 之值。

　　我們以 x, y, z 分別表示取甲物品 x 個，乙物品 y 個，丙物品 z 個，則例題 3 中之組合數變成方程式，$x+y+z=4$ 之非負整數解的數目。然而方程式 $x+y+z=4$ 的非負整數解數目有多少呢？以下是我們的討論。

　　取例題 3 討論中之任一情況而論，例如取 3 個甲、1 個乙、0 個丙之組合，我們可簡單寫成甲甲甲＋乙＋0，其中二個 "＋" 號為分類之

間隔，有取得數目之甲、乙、丙皆以 "e" 表示，未取得則不寫，則上式可改寫為

eee＋e＋

故我們可將求 H_4^3 之問題轉變成 4 個 "e" 和二個 "＋" 之不盡相異物排列問題，其排列數為

$$\frac{[4+(3-1)]!}{4! \times (3-1)!} = \frac{6!}{4!2!} = C_4^6$$

因此，我們可得 $H_4^3 = C_4^6$ 與例題 3 討論結果符合。

因此我們可以得到以下結論：

由 n 類相異物品中，每次取 m 個成一組，而各組中各類的物品可以重複選取，則 n 中取 m 之重複組合數

$$H_m^n = C_m^{m+(n-1)}$$

例題 4

方程式 $x + y + z + w = 12$，有多少組非負整數解？

解 由以上討論結果，取 $n = 4$，$m = 12$，共有

$$H_{12}^4 = C_{12}^{12+4-1} = C_{12}^{15} = C_3^{15} = \frac{15 \times 14 \times 13}{3 \times 2 \times 1} = 455 \text{ 組解。}$$

例題 5

將 6 份相同的禮物送給 3 位小朋友，規定每人至少得一份，問共有多少種贈送法？

解 禮物相同且每人至少得一份，屬於重複組合問題。

首先每個人先各得一份，故剩下 $6-3=3$ 份然後再將 3 份禮物任意分給 3 個小朋友，每個人不限幾份，也可不送，故有

$$H_{6-3}^3 = H_3^3 = C_3^{3+3-1} = C_3^5 = C_2^5 = \frac{5 \times 4}{2 \times 1} = 10 \text{ 種送法。}$$

1. 若 $3C_3^n = 10C_2^{n-2}$，則 n 為何？

2. 證明 $C_{m-1}^{n-1} + C_m^{n-1} = C_m^n$。

3. 證明 $C_0^n + C_1^{n+1} + C_2^{n+2} + \cdots + C_m^{n+m} = C_m^{n+m+1}$。

4. $C_{m-1}^n : C_m^n : C_{m+1}^n = 2:3:4$，求 n 與 m 之值。

5. 從 1 到 12 的自然數中取出 4 個數，共有幾種取法？

6. 空間中有 8 個點，其中無三點共線，無四點共平面，求

   (1) 可決定幾條直線？

   (2) 可決定幾個三角形？

   (3) 可決定幾個四面體？

7. 四件相同物品分給三人

   (1) 其中某人至少得一件的方法多少？

   (2) 若規定每人至少的一件之方法有多少？

8. 方程式 $x+y+z+v+w=10$ 問

   (1) 有多少組非負整數解？

   (2) 有多少組正整數解？

9. 投擲 10 顆骰子，共可出現幾種不同的情形？

10. 從橘子、蘋果、梨子三種水果中（每一種至少有 16 個），任取 16 個裝成一箱

    (1) 共有多少種方法？

    (2) 若每種水果至少須包含 2 個，則方法有幾種？

11. 多項式 $(x+y+z+w)^{10}$ 展開式中，

(1) 共有多少不同類的項？

(2) $xy^3z^2w^4$ 項之係數為多少？

3-4 二項式定理

　　將 n 個相同的 2 項式 $(x+y)$ 相乘，即 $(x+y)^n$ 展開後，集項的結果共有 $(n+1)$ 項，例如：

$$(x+y)^0 = 1$$
$$(x+y)^1 = x+y$$
$$(x+y)^2 = x^2 + 2xy + y^2$$
$$(x+y)^3 = x^3 + 3x^2y + 3xy^2 + y^3$$
$$(x+y)^4 = x^4 + 4x^3y + 6x^2y^2 + 4xy^3 + y^4$$

　　若 n 為不太大的正整數，我們可以利用巴斯卡三角形（如圖 3.6）來求得對應各項的係數，

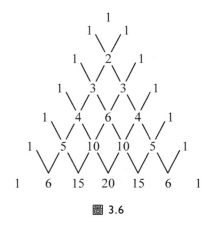

圖 3.6

　　而我們希望能以組合的方法來求得二項式 $(x+y)^n$ 展開中一般項的係數，其結論可表示如下：

定理 3-3

二項式定理

若 n 為正整數，則二項展開式

$$(x+y)^n = \sum_{r=0}^{n} C_r^n x^{n-r} \cdot y^r$$

$$= C_0^n x^n + C_1^n x^{n-1} y^1 + \cdots + C_r^n x^{n-r} y^r + \cdots + C_{n-1}^n xy^{n-1} + C_n^n y^n$$

證明

(1) $(x+y)$ 自乘 n 次，所得結果必為

$a_0 x^n, a_1 x^{n-1} y, a_2 x^{n-2} y^2, \ldots, a_{n-1} xy^{n-1}, a_n y^n$ 此 $(n+1)$ 項齊次式之和，其中

的 a_r 為 $x^{n-r} \cdot y^r$ 項的係數， $r = 0, 1, 2, \cdots, n$ 。而我們將以組合的方法

求得每一個 a_r 。

(2) 因 $(x+y)$ 連乘 n 次，即 $(x+y)(x+y)\cdots(x+y)$ ，所得之每一項 $x^{n-r} y^r$

必是自 n 個括弧中選取其中若干個 x 和若干個 y 組合而成，而

x, y 之選取必須來自不同的括弧，且 x 的個數和 y 的個數之和為 n

個。

若自 n 個 x 中任取 $(n-r)$ 個，且自 n 個 y 中任取 r 個，因乘法不考

慮前後次序，例如 $x \cdot y \cdot x = x \cdot x \cdot y = x^2 y$ ，故得知 $(n-r)$ 個 x 和 r 個 y 相乘

而得之單項式共有 $C_r^n = \dfrac{n!}{r!(n-r)!}$ 個，因此得到 $x^{n-r} \cdot y^r$ 項之係數

$a_r = C_r^n$, $r = 0, 1, 2, \cdots, n$ 本定理得證。

在 $(x+y)^n$ 之展開式中，第一項是 $C_0^n x^n$，第二項是 $C_1^n x^{n-1} y$，故知 $C_r^n x^{n-r} y^r$ 為第 $(r+1)$ 項，我們稱 n 中取 r 的不重複組合數 C_r^n 為**二項係數**。

例題 1

展開 $(x+y)^6$。

解　$(x+y)^6 = \sum_{r=0}^{6} C_r^6 x^{6-r} y^r$

$= C_0^6 x^6 + C_1^6 x^5 y + C_2^6 x^4 y^2 + C_3^6 x^3 y^3 + C_4^6 x^2 y^4 + C_5^6 xy^5 + C_6^6 y^6$

$= x^6 + 6x^5 y + 15x^4 y^2 + 20x^3 y^3 + 15x^2 y^4 + 6xy^5 + y^6$

例題 2

求 $(x-2y)^4$ 的展開式。

解　將 x 看成一項，$(-2y)$ 看成一項，由二項式定理知

$(x-2y)^4 = \sum_{r=0}^{4} C_r^4 x^{4-r} \cdot (-2y)^r$

$= C_0^4 x^4 + C_1^4 x^3 (-2y) + C_2^4 x^2 (-2y)^2 + C_3^4 x(-2y)^3 + C_4^4 (-2y)^4$

$= x^4 - 8x^3 y + 24x^2 y^2 - 32xy^3 + 16y^4$

例題 3

求 $(3x - \dfrac{5}{6x})^7$ 的展開式中 x^3 的係數。

解　一般項為

$$C_r^7 (3x)^{7-r} (-\frac{5}{6x})^r = C_r^7 3^{7-r} \cdot (-\frac{5}{6})^r \cdot x^{7-r} \cdot x^{-r}$$

所求之項為 3 次式即

$$(7-r)+(-r)=3 \qquad \therefore r=2$$

故所求之係數為

$$C_2^7 \cdot 3^5 \cdot (-\frac{5}{6})^2 = \frac{7 \times 6}{2 \times 1} \times 243 \times \frac{25}{36} = 3543.75 = \frac{14175}{4}$$

例題 4

證明 $C_0^n + C_1^n + \cdots + C_n^n = 2^n$。

解 因為

$$(x+y)^n = C_0^n x^n + C_1^n x^{n-1} y + \cdots + C_{n-1}^n x y^{n-1} + C_n^n y^n$$

令　$x = y = 1$

代入得

$$(1+1)^n = 2^n = C_0^n + C_1^n + \cdots + C_n^n$$

習題 **3-4**

EXERCISE

1. 證明 $C_0^n - C_1^n + C_2^n - \cdots + (-1)^n C_n^n = 0$。

2. 展開 $(x+y)^7$。

3. 求 $(\dfrac{2}{x} - x^2)^{10}$ 展開式中，x^{14} 係數為何？

4. 求 $(x^2 - \dfrac{1}{3x})^9$ 展開式中，常數項係數為何？

5. $(1+x^2) + (1+x^2)^2 + \cdots + (1+x^2)^{20}$ 展開式中，x^4 項之係數為何？

6. $(2x-3y)^{100}$ 展開式中，其中間項為何？

7. $(1+x)(1+2x)(1+3x) \cdots (1+nx)$ 展開式中，x^2 項之係數為何？

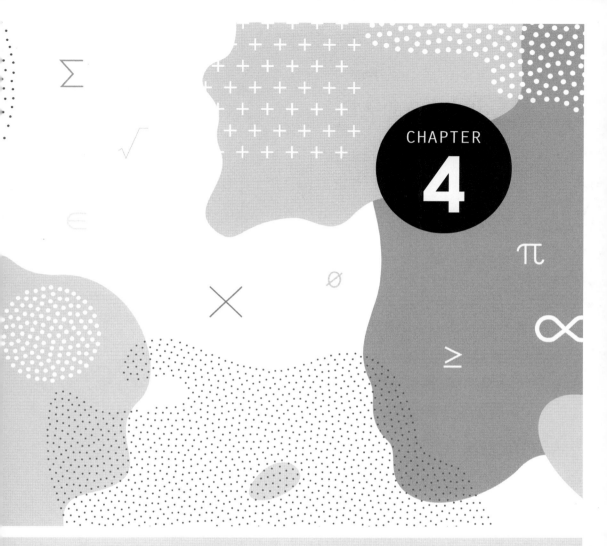

機率與統計

4-1　機率的運算

在學習古典機率的過程中，必須先瞭解樣本空間、樣本點…等專有名詞，我們將於下介紹這些專有名詞與古典機率論的關係。

一、基本名詞

(一) 隨機試驗

做一試驗，若試驗前，只能確定有哪些結果，卻無法預知哪種結果會出現，則稱為隨機試驗。

例如：擲一個公正硬幣，可以確定擲出結果為「正面」或「反面」，但卻無法事先知道擲出來的結果，因此這種擲硬幣的試驗，我們稱它為隨機試驗。

(二) 樣本空間

隨機試驗中，所有結果所成的集合（宇集合），稱為樣本空間，用 Ω 表之。

例如：承上例，樣本空間 $\Omega = \{$正面，反面$\}$

(三) 樣本點

樣本空間中的每個元素，皆稱為樣本點。

例如：承上例，正面、反面皆稱為樣本點。

(四) 事件

樣本空間的部分集合，稱為事件。

例如：承上例，$E_1 = \{$正面$\}$，$E_2 = \{$反面$\}$ 皆稱為事件。

二、拉卜拉式古典機率

設 $E \subseteq \Omega$ （表示 E 為樣本空間 Ω 中之任意事件），且樣本空間中的每個樣本點發生的機會均等

則

$$P(E) = \frac{n(E)}{n(\Omega)}$$

其中

$P(E)$ 表示 E 事件發生機率

$n(E)$ 表示 E 事件元素個數

$n(\Omega)$ 表示樣本空間元素個數

例如：擲兩顆骰子試驗：

1. 樣本空間

$$\Omega = \{(1,1) \quad (1,2) \quad (1,3) \quad (1,4) \quad (1,5) \quad (1,6)$$
$$(2,1) \quad (2,2) \quad (2,3) \quad (2,4) \quad (2,5) \quad (2,6)$$
$$\vdots \qquad \vdots \qquad \vdots \qquad \vdots \qquad \vdots \qquad \vdots$$
$$(6,1) \quad (6,2) \quad (6,3) \quad (6,4) \quad (6,5) \quad (6,6)\}$$

$n(\Omega) = 36$ 　全部有 36 個樣本點

2. $\because$ 樣本空間只能列出全部可能試驗結果，卻無法預知哪個結果會出現

   $\therefore$ 擲兩顆骰子試驗為隨機試驗

3. 設事件 E_1：出現點數相同之事件

   $\qquad E_2$：出現點數和為 5 之事件

   則 $E_1 = \{(1,1)\ (2,2)\ (3,3)\ (4,4)\ (5,5)\ (6,6)\}$

   $\qquad E_2 = \{(1,4)\ (4,1)\ (2,3)\ (3,2)\}$

4.　$P(E_1) = \dfrac{n(E_1)}{n(\Omega)} = \dfrac{6}{36} = \dfrac{1}{6}$

　　$P(E_2) = \dfrac{n(E_2)}{n(\Omega)} = \dfrac{4}{36} = \dfrac{1}{9}$

例題 1

設有一盒子內放三顆球，分別為一紅、一綠、一藍，若從同一盒中任取一球，取出放回後，再取第二球，試求：

(1) 此隨機試驗之樣本空間。

(2) 取第一球與第二球顏色相同之事件 E。

(3) 求 E 事件發生之機率。

解　(1)　$\Omega = \{$(紅,紅) (紅,綠) (紅,藍) (綠,綠) (綠,紅) (綠,藍)(藍,藍)

　　　　　　(藍,綠) (藍,紅)$\}$

　　　(2)　$E = \{$(紅,紅) (藍,藍) (綠,綠)$\}$

　　　(3)　$P(E) = \dfrac{n(E)}{n(\Omega)} = \dfrac{3}{9} = \dfrac{1}{3}$

例題 2

從一副 52 張之撲克牌中，任取 5 張牌，試求下列各題機率：

(1)恰有 3 張 K，2 張 A。

(2)恰有 3 張 K。

(3)一張 A 且至少 3 張 K。

解 (1) 設 E：3 張 K，2 張 A 事件

則 $P(E) = \dfrac{n(E)}{n(\Omega)} = \dfrac{C_3^4 \cdot C_2^4}{C_5^{52}} = 0.000009234$

(2) $\dfrac{C_3^4 \cdot C_2^{48}}{C_5^{52}} = 0.00173608$

(3) $\dfrac{C_1^4 \cdot C_3^4 \cdot C_1^{44} + C_1^4 \cdot C_4^4}{C_5^{52}} = 0.000272416$

在拉卜拉式古典機率中與集合有下列各種性質：

設 Ω 為樣本空間，E^c 為 E 事件的補集合則：

(1) $0 \le P(E) \le 1$，且 $P(E^c) = 1 - P(E)$

(2) 加法性質：設 A、B 為 Ω 之二事件則

$$P(A \cup B) = P(A) + P(B) - P(A \cap B)$$

(3) 笛莫根定律：

   (i) $P(A \cup B)^c = P(A^C \cap B^C)$

   (ii) $P(A \cap B)^c = P(A^C \cup B^C)$

(4) $P(A \cup B) = P(A \cap B^C) + P(A \cap B) + P(A^C \cap B)$

例題 3

已知 A, B 二事件機率如下：

$P(A \cap B) = \dfrac{1}{6}$，$P(A \cap B^C) = \dfrac{1}{12}$，$P(A^C \cap B) = \dfrac{1}{2}$

求 (1) $P(A \cup B)$　(2) $P(A^C \cup B^C)$　(3) $P(A^C \cap B^C)$

解 (1) $P(A \cup B) = P(A \cap B) + P(A \cap B^C) + P(A^C \cap B)$

$$= \frac{1}{6} + \frac{1}{12} + \frac{1}{2} = \frac{9}{12} = \frac{3}{4}$$

(2) $P(A^C \cup B^C) = P(A \cap B)^C$

$$= 1 - P(A \cap B)$$

$$= 1 - \frac{1}{6} = \frac{5}{6}$$

(3) $P(A^C \cap B^C) = P(A \cup B)^C$

$$= 1 - P(A \cup B)$$

$$= 1 - \frac{3}{4} = \frac{1}{4}$$

三、互斥事件

設 A, B 為樣本空間 Ω 中之二事件，

若 A, B 二事件不同時發生，則稱 A, B 為互斥事件。

定義 4-1

設 $A, B \subseteq \Omega$，且 $A \cap B = \phi$，則稱 A, B 互斥。

推論：

若 A, B 互斥

則 (1) $P(A \cap B) = 0$ (2) $P(A \cup B) = P(A) + P(B)$

四、獨立事件

設 A, B 為樣本空間 Ω 中之二事件

若 A, B 兩事件的發生互不影響，則稱 A, B 為獨立事件。

定義 4-2

設 $A, B \subseteq \Omega$，且 $P(A \cap B) = P(A) \cdot P(B)$，則稱 A, B 獨立。

推論：

A 與 B 獨立 $\Leftrightarrow A^C$ 與 B^C 獨立

證明

$$\Rightarrow P(A^C \cap B^C) = P(A \cup B)^C = 1 - P(A \cup B)$$
$$= 1 - \big[P(A) + P(B) - P(A \cap B) \big]$$
$$= 1 - \big[P(A) + P(B) - P(A)P(B) \big] \quad (\because A, B \text{ 獨立})$$
$$= \big[1 - P(A) \big] - P(B) \big[1 - P(A) \big]$$
$$= \big[1 - P(A) \big] \big[1 - P(B) \big]$$
$$= P(A^C) \cdot P(B^C)$$
$$\therefore A^C, B^C \text{ 獨立}$$

$\Leftarrow$ 同理可證

例題 4

設 $A, B \subseteq \Omega$，且 $P(A) = 0.3$，$P(A \cup B) = 0.7$

(1) 當 A, B 互斥時，則 $P(B) = ?$

(2) 當 A, B 獨立時，則 $P(B) = ?$

解 (1) A, B 互斥，則 $P(A \cap B) = 0$

$P(A \cup B) = P(A) + P(B)$

$0.7 = 0.3 + P(B)$

$\therefore P(B) = 0.4$

(2) A, B 獨立，則 $P(A \cap B) = P(A) \cdot P(B)$

$P(A \cup B) = P(A) + P(B) - P(A \cap B)$

$\qquad\qquad = P(A) + P(B) - P(A) \cdot P(B)$

$\qquad 0.7 = 0.3 + P(B) - 0.3 \times P(B)$

$\therefore P(B) = \dfrac{4}{7}$

例題 5

簡老師在課堂上出了一道數學題目，若 A 生解出機率為 $\dfrac{1}{2}$，B 生解出機率為 $\dfrac{1}{3}$，且 A, B 兩生解題互不影響，求：

(1) A, B 兩生同時解出的機率？

(2) 兩人均解不出的機率？

(3) 此題被解出的機率？

解 (1) $P(A \cap B) = P(A) \cdot P(B) = \dfrac{1}{2} \times \dfrac{1}{3} = \dfrac{1}{6}$

(2) $P(A^c \cap B^c) = P(A^c) \cdot P(B^c) = (1 - \dfrac{1}{2})(1 - \dfrac{1}{3}) = \dfrac{2}{6} = \dfrac{1}{3}$

(3) $P(A \cup B) = P(A) + P(B) - P(A \cap B)$

$\qquad\qquad\quad = \dfrac{1}{2} + \dfrac{1}{3} - (\dfrac{1}{2} \times \dfrac{1}{3}) = \dfrac{2}{3}$

例題 6

舉例說明二事件互斥與獨立的關係？

解 互斥與獨立未必有關

(1) 設 $\Omega = \{1,2,3,4,5,6\}$

$A = \{1,3,5\}$ ， $B = \{2,4,6\}$

$A \cap B = \phi \Rightarrow A, B$ 互斥

但 $P(A) = \dfrac{1}{2}$ ， $P(B) = \dfrac{1}{2}$ ，

$P(A \cap B) = 0 \neq P(A) \cdot P(B) = \dfrac{1}{4}$

$\therefore$ 互斥未必是獨立

(2) 擲二個硬幣，A：第一次出現正面 H 事件

$\qquad\qquad\quad B$：第二次出現正面 H 事件

則 $\Omega = \{(H,H)\ (H,T)\ (T,H)\ (T,T)\}$ ，H：正面，T：反面

$A = \{(H,H)\ (H,T)\}$ $\quad B = \{(H,H)\ (T,H)\}$

$A \cap B = \{(H,H)\}$

$P(A \cap B) = \dfrac{1}{4}$ ， $P(A) = \dfrac{1}{2}$ ， $P(B) = \dfrac{1}{2}$

$\because P(A \cap B) = P(A) \cdot P(B)$ $\quad\therefore A, B$ 獨立

但 $A \cap B \neq \phi \Rightarrow A, B$ 不是互斥

$\therefore$ 獨立未必是互斥

習題 4-1

EXERCISE

1. 擲一公正骰子 2 次，試求：

   (1) 點數和為 5 的機率？

   (2) 點數和為 6 的倍數的機率？

   (3) 點數差絕對值為 4 的機率？

2. 擲一公正骰子 3 次，試求：

   (1) 點數和為 10 的機率？

   (2) 點數皆相同的機率？

   (3) 點數皆相異的機率？

3. 袋中有 3 白球、4 黑球、2 紅球，今自袋中任取 3 球，試求：

   (1) 3 球為同色的機率？

   (2) 「三球異色」的機率？

   (3) 「至少二黑球」的機率？

4. 房內有 10 人，穿 1 到 10 號的衣服，隨機抽取 3 人，令其同時離去，並記下衣服標號，請問最小標號為 4 的機率？

5. 設 A, B 為樣本空間之二事件且 $P(A)=\dfrac{3}{8}$，$P(B)=\dfrac{5}{8}$，$P(A\cup B)=\dfrac{3}{4}$

   試求 (1) $P(A\cap B)$　　(2) $P(A^c\cup B^c)$　　(3) $P(A^c\cap B^c)$

6. 若 A, B 為互斥事件，且 $P(A)=0.4$　　$P(B)=0.3$，試求 $P(A\cup B)=$ ？

7. 若 A, B 為獨立事件，且 $P(A)=0.5$，$P(B)=0.4$，試求 $P(A\cap B)=$ ？

8. 若 A, B 為獨立事件，且 $P(A)=\dfrac{1}{3}$，$P(A\cup B)=\dfrac{3}{4}$，試求 $P(B)=$ ？

4-2 數學期望值

定義 4-3

　　隨機試驗過程中，若變量 X 的全部值為 $x_1, x_2, \cdots, x_n$，且對應發生之機率值為 $f(x_1), f(x_2), \cdots, f(x_n)$

　　即

變量 X	x_1	x_2	……	x_n
機率值	$f(x_1)$	$f(x_2)$	……	$f(x_n)$

　　則 X 之期望值（平均數），以 $E(X)$ 表示，定義如下：

$$E(X) = \sum_{i=1}^{n} x_i \cdot f(x_i)$$
$$= x_1 \cdot f(x_1) + x_2 \cdot f(x_2) + \cdots + x_n \cdot f(x_n)$$

　　由期望值定義可得如下性質：

1. 設 c 為常數，則 $E(c) = c$

2. 設 a, b 為常數，則 $E(aX + b) = aE(X) + b$

例題 1

　　一袋中有一元硬幣 2 枚，5 角硬幣 3 枚，今自袋中取出二枚，則其期望值為？

解 令 X：取到的錢數，$f(x)$：取到錢數之機率

則

X	1 元	1.5 元	2 元
$f(x)$	$\dfrac{3}{10}$	$\dfrac{6}{10}$	$\dfrac{1}{10}$

期望值 $E(X) = (1 \times \dfrac{3}{10}) + (1.5 \times \dfrac{6}{10}) + (2 \times \dfrac{1}{10}) = 1.4$（元）

例題 2

某種獎券賣出 60 萬張，獎額規定如下：

第一特獎 1 張得 100 萬元

頭　　獎 1 張得 40 萬元

貳　　獎 1 張得 20 萬元

參　　獎 15 張各得 4 萬元

肆　　獎 25 張各得 2 萬元

伍　　獎 30 張各得 8 千元

陸　　獎 240 張各得 4 千元

柒　　獎 1800 張各得 4 百元

捌　　獎 12000 張各得 40 元

上、下附獎兩張各得 3 萬元，百位附獎 97 張各得 6 百元，則買一張獎券獎金之期望值為？

解　期望值 $= (100萬 \times \dfrac{1}{60萬}) + (40萬 \times \dfrac{1}{60萬}) + (20萬 \times \dfrac{1}{60萬})$

$+ (4萬 \times \dfrac{15}{60萬}) + (2萬 \times \dfrac{25}{60萬}) + (0.8萬 \times \dfrac{30}{60萬})$

$+ (0.4萬 \times \dfrac{240}{60萬}) + (0.04萬 \times \dfrac{1800}{60萬}) + (0.004萬 \times \dfrac{12000}{60萬})$

$+ (3萬 \times \dfrac{2}{60萬}) + (0.06萬 \times \dfrac{97}{60萬}) = 8.697元$

例題 3

擲 3 個硬幣，出現三正面可得 12 元，二正面可得 8 元，一正面可得 4 元，為了公平起見，出現三反面時，應賠償多少錢？

解 令 X：所得錢數　　$f(x)$：所得錢數之機率　　k：應賠錢數

則

X	12	8	4	k
$f(x)$	$\dfrac{1}{8}$	$\dfrac{3}{8}$	$\dfrac{3}{8}$	$\dfrac{1}{8}$

$$E(X) = (12 \times \frac{1}{8}) + (8 \times \frac{3}{8}) + (4 \times \frac{3}{8}) + (k \times \frac{1}{8}) = 0$$

$\Rightarrow k = -48$　　$\therefore$ 應賠 48 元

EXERCISE

1. 同時擲兩個公正骰子，求點數和的期望值。

2. 口袋中有 1 元券 4 張，5 元券 3 張，10 元券 5 張，試求：(1)自袋中任取一張之期望值。(2)任取 2 張之期望值。

3. 一袋中有 50 元硬幣 3 個，10 元硬幣 7 個，5 元硬幣 10 個，今從袋中一次取 2 個硬幣，求其幣值的期望值。

4. 十個樣品中有 2 個不良品，今取出 3 個，求含有不良品的期望值。

5. 一袋中有 9 個硬幣，其中五個為 5 元硬幣，而其他四個同值。若從袋中一次取出兩個硬幣之期望值為 6 元，求其他四個硬幣之值。

4-3　統計的基本概念

一、統計的意義

　　自第二次世界大戰以來，統計已廣泛的應用於各行各業，甚至涉及自然科學與社會科學。譬如：經濟建設成果如何？政黨政治成果如何？選舉結果的預測？市場調查，品質管制問題？…等等，探討這些問題，皆可藉著統計方法來加以解決。換言之，統計乃是面對不確定的情況下，探討其通則，以此明瞭全體事項所蘊涵的特性，相互關係及變動趨勢，進而做出最佳決策的一種科學方法。

　　這裡所說不確定情況是指我們無法預先知其結果。如上拋一粒骰子落地後，到底出現哪一面？無法事先知道，這種為不確定情況。當我們觀察不確定現象時，個別事件發生的結果可能差異相當大，且變化不規則，但觀察整體時，有時就有些通則存在。如上拋一粒骰子，若次數夠多，就發現每一面出現的次數接近某個百分比（不一定全相等）。

　　當然統計方法的應用有其限制，一是統計資料必須客觀性和周延，即統計資料必須由調查、實驗或登錄而來，且所有資料恰有所歸類，否則統計結果必有所偏差，而導致錯誤的統計推論。一是統計資料必須"足夠多"才能找出所研究全體現象的通則。

　　本章敘述統計的主要目的是將一群搜集到的資料，利用計算、測量、描述、劃記和圖表的方法，經過整理、分析、摘要，使容易了解所研究全體所含之意義及性質。至於統計方法、統計理論、統計推論已超出本書範圍。

二、抽樣調查

　　資料的來源，必須講求資料的調查方法，若調查對象為所研究對象的全體稱為普查，例如：戶口普查、工商普查、農漁業普查等，若只調查所研究對象的部分稱抽查。研究對象的全體稱為母群體，而被抽中的部分稱為樣本，抽出樣本的過程稱為抽樣。當然普查所得的資料最為完整可靠，但必須花費大量人力、物力、財力、時間，有時限於技術，如地質的探勘，有時也不必要或是不可能，如檢驗燈泡壽命，一經取樣試驗，即行毀壞。若我們抽樣得當，只須抽查部分對象調查，不但省時、省錢、省力，而且可以正確地推測母群體的性質。

　　我們希望抽出的樣本足以代表母群體的特性，原則上每一樣本自母群體中被抽中的機會相等。但母群體之性質不同，可能有不同的抽樣方法，常用的抽樣方法有簡單隨機抽樣、系統抽樣、分層隨機抽樣、部落抽樣。今就其功用與內容說明如下：

(一) 簡單隨機抽樣

　　簡單隨機抽樣係指抽樣時，毫無主觀意志介入，使母群體中的每一個體，被抽中的機會相等。通常應用於母群體所含的特性分布較為均勻，個體數不多，而且有完全名冊可以編號者。再利用抽籤法或隨機號碼表抽出號碼與編號相同的個體作為樣本。

例題 1

某校一年級學生 745 人，欲了解學生數學期中考成績情況，試利用簡單隨機抽樣，抽出 30 名學生的成績為樣本。

(1) 若學生已編號（自 1 至 745），製作號碼牌後，放入箱內徹底攪亂，每抽出一張號碼牌，記錄其號碼，放回攪亂後，再抽一張，若重複則捨棄重抽，如此抽出 30 個號碼，對應得 30 名學生成績。

(2) 利用「隨機號碼表」，可自某一列或某一行往下取，每次取三位號碼。若號碼在 001~745 之間，則記下號碼，否則捨棄重抽，重複號碼也捨棄，由附表 1 共抽出 35 個號碼，捨棄 5 個（框起來的）。

039，385，175，326，695，941，661，305，037，482，603，$\boxed{837}$，329，193，112，317，$\boxed{884}$，309，228，$\boxed{782}$，418，463，110，527，572，208，156，$\boxed{926}$，$\boxed{776}$，386，251，652，368，643，045，等 30 個號碼對應得 30 名學生成績。

(二) 系統抽樣

母群體編號後，決定抽樣間隔，在第一個間隔內隨機抽取一個號碼，以此經一個間隔長度，再取次一個，如此取一組號碼，對應得所要的樣本，此種抽樣方法稱為系統抽樣法。通常應用於母群體是隨機性，只須累加即可抽得樣本，甚為方便。另一種是母群體為有序排列，即按大小排序者，如學生成績按分數高低排列。此時系統抽樣較簡單隨機抽樣好。但當個體呈某種週期序列時，而又與抽樣間隔相近，此時樣本誤差較大，如調查超級市場之營業額，若間隔為 7 天，則只抽星期日與只抽星期一，其結果必然不同。

例題 2

在例 1 中，利用系統抽樣法抽出 30 名學生成績？

解 首先決定抽樣間隔，約為 $25(\dfrac{745}{30})$，若第一個隨機選取的樣本為第

10 號，則這 30 個樣本號碼為

$$\underbrace{10}_{25}，\underbrace{35}_{25}，\underbrace{60}_{25}，85,\cdots,\ 735$$

(三) 分層隨機抽樣

　　母群體中之個體按調查目的有關之某種分類標準，分成若干類或組，每一類或組稱為一層，各層中以簡單隨機抽樣法抽出樣本，此種抽樣方法稱為分層隨機抽樣法。若各層所抽的樣本之比率相等，稱為「分層比例抽樣法」。通常應用於母體內所含之性質分布不勻，經分層以後使各層之間彼此差異較大，而各層內差異較小。如欲估計臺北市百貨公司每月營業額，若用簡單隨機抽樣，可能大百貨公司抽中許多，或是抽中很少，甚至沒有抽中，因此這些樣本並不能適當地代表母群體，可能高估或低估，若以營業額來分層，用分層隨機抽樣法會較為正確。

(四) 部落抽樣法

　　將母群體中相鄰近一群個體劃為一個部落或按某種標準分成若干部落，使部落與部落間差異甚小，而部落內之差異大，在這些部落中，隨機抽取若干部落，再對這些部落全面的調查或抽查。此種抽樣方法稱為部落抽樣法。通常應用於地域廣大或母群體個體太多，編造名冊困難。如欲調查臺北市每戶平均年收入，若採用簡單隨機法或分層抽樣法，不

太經濟，但用本法，可以區域（如村里、住宅區）分成若干部落，以這些區域組成母群體，再從此母群體中隨機抽出若干區域，然後再對這些區域住戶全查或抽查部分，此時只須這些抽中區域的名冊，會較省時、省力、省錢。但若部落內的個體差異甚小或部落間差異大時，則其誤差較簡單隨機抽樣大。

習題 4-3

EXERCISE

1. 略述統計學的意義？

2. 何謂普查？何謂抽樣調查？統計工作者為何常用抽樣調查代替普查？

3. 何謂母群體？何謂樣本？何謂抽樣？

4. 常用抽樣方法有哪幾種？並說明何種情況該選用何種方法？

5. 試利用簡單隨機抽樣法，抽出班上十名學生，量其身高，並求其平均身高。

6. 試利用分層隨機抽樣法，以身高 165 公分分成兩層按比率抽出班上十名學生，量其身高，並求其平均身高。

4-4　統計資料整理

　　當我們搜集到大量的原始資料，常常是雜亂無章，必須經過適當整理、分類，製成統計圖表，即可大致看出資料所蘊涵的特性與規則。這些資料的整理、分類、劃記、製圖表，乃是敘述統計的最基本工作。

一、次數分配表的編製

　　首先看看如何編製次數分配表，通常按下列步驟：

1.　求全距

　　全距即是統計資料中最大與最小數據的差。

2.　定組數

　　統計資料分類即是分組，組的數目即是組數。組數多少須視研究目的與資料性質而定，通常不宜少於 7 或多於 15。

3.　定組距

　　組距即為每一組的大小。若採用等組距，則組距÷全距／組數，再依資料性質給予增減。

4.　定組限

　　每一組數值最小的稱為該組的下限，數值最大的稱為該組的上限。定組限時，通常最小組的下限，應較全部資料的最小值略小或相等，最大組上限應較最大值略大或相等。

5.　歸類劃記並計算各組次數

　　每一筆資料在對應的組內記一劃，五劃為一束（常記為 卌 或用正字）。歸類完成後，用阿拉伯數字計算各組的次數，記於對應欄內，然後各組次數相加，看看和原始資料個數是否相符，若有錯誤，必須查出更正，至此整理工作即完成。

例題 1

某工廠職工 50 人年齡資料如下：

18,29,18,20,20,23,40,26,35,21,36,28,33,27,38,21,31,25,38,25,
28,26,33,32,32,52*,28,34,24,48,17,37,24,19,22,42,25,21,26,26,
23,24,31,26,21,32,46,16,28,15*

試依上述資料分成 8 組編製次數分配表。

解 (1) 求全距

最大值為 52，最小值為 15。故

全距 = 52 − 15 = 37

(2) 定組數

按題意組數為 8。

(3) 求組距

組距 = 全距／組數 = 37/8 ≒ 5

(4) 定組限

因最小值為 15，而組距為 5，故最小組下限定為 15，各組之組限如表 5-1。

(5) 劃記與計算各組次數

將各資料劃入所屬之組內，並計算各組次數如下表。這裡用 30 − 35 表示介於 30 與 35 之間，包含 30 但不包含 35，其餘類推。

表 4-1

年齡組別	劃記	次數
15~20	卌丨	6
20~25	卌卌丨丨	12
25~30	卌卌丨丨丨丨	14
30~35	卌丨丨丨	8
35~40	卌	5

表 4-1（續）

年齡組別	劃記	次數
40~45	||	2
45~50	||	2
50~55	|	1
總計		50

二、統計圖表的製作

(一) 直方圖與折線圖

　　次數分配表大致可以看出資料分配的情況，但若畫成直方圖更是一目了然。直方圖的畫法如下列步驟：

1. 在方格紙上畫出相交之縱軸與橫軸。

2. 在縱軸上標明次數，由下而上依次增大。

3. 在適當位置開始，將橫軸以組距分成若干線段，並標明組限及使用的單位。

4. 以各組為底，其對應次數為高，分別畫出長方形。

　　如此作出的圖形，稱為次數分配直方圖。若把各長方形頂邊中點連接起來，得到一條「折線」，此折線圖稱為次數分配折線圖。

（例題）2

試以例題 1 的資料畫出直方圖及折線圖。

解　由次數分配表，標明橫軸組距及縱軸次數，然後畫出對應之長方形，即得直方圖。連結長方形頂邊中點即得折線圖。

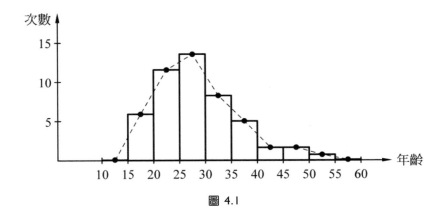

圖 4.1

(二) 累積次數分配曲線

　　有時候，我們想研究具有某種特性以上或以下的次數，如欲知某次考試成績不及格人數有多少人，或 80 分以上有多少人，此時就用累積次數分配表來表達。

　　將次數分配表內各組的次數，由上而下順次累加後的次數，記入對應的組內，即得「以下累積次數分配表」，反之由下而上累加得「以上累積次數分配表」。若根據累積次數分配表製成的曲線圖稱為累積次數曲線圖。累積次數曲線圖的畫法如下：

(1) 以各組上限為橫坐標，而各該組對應的以下累積次數為縱坐標，分別標出各點，然後連結各點及第一組下限點，即得「以下累積次數曲線圖」。

(2) 以各組的下限為橫坐標，而各該組對應以上累積次數為縱坐標，分別標出各點，連接各點及最後一組上限點，即得「以上累積次數曲線圖」。

3

試以例題 1 之資料，作出累積次數分配表及繪出累積次數圖。

解 累積次數分配表下：

表 4-2

年齡組別	次數	以下累積次數	以上累積次數
15~20	6	6	50
20~25	12	18	44
25~30	14	32	32
30~35	8	40	18
35~40	5	45	10
40~45	2	47	5
45~50	2	49	3
50~55	1	50	1

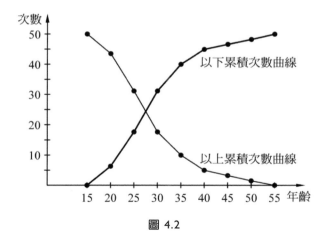

圖 4.2

(1) 連結下列各點,即得以下累積次數曲線圖。

$(15,0)$,$(20,6)$,$(25,18)$,$(30,32)$,$(35,40)$,$(40,45)$,

$(45,47)$,$(50,49)$,$(55,50)$

(2) 連結下列各點,即得以上累積次動曲線圖。

$(55,0)$,$(50,1)$,$(45,3)$,$(40,5)$,$(35,10)$,$(30,18)$,

$(25,32)$,$(20,44)$,$(15,50)$

(三) 相對次數表與圓形圖

　　各組的次數除以總次數,稱為相對次數,而相對次數乘上 100%,稱為百分比相對次數。將各組的次數,以相對次數列出,即得相對次數分配表,以累加相對次數列出,即得累積相對次數表。以此將縱坐標標為相對次數,即可作出相對次數直方圖、相對次數折線圖與累積相對次數曲線圖。

　　圓形圖係以整個圓的面積代表全部資料,而各扇形面積代表各類資料占全部資料的百分比。有時用圓形圖表示各類資料的比重,使人一目了然,如經費的應用。

例題 4

試以例題 1 之資料,作出相對次數分配表。

解 相對次數分配表如下:

表 4-3

年齡組別	次數	相對次數	百分比相對次數
15~20	6	0.12	12
20~25	12	0.24	24
25~30	14	0.28	28
30~35	8	0.16	16
35~40	5	0.10	10
40~45	2	0.04	4
45~50	2	0.04	4
50~55	1	0.02	2
總計	50	1.00	100

例題 5

某公司全年費為 2000 萬元，其中用人費 900 萬元，業務費為 800 萬元，經常費為 300 萬元，試以圓形圖表之。

解 用人費、業務費、經常費分別占全部經費的 45%，40%，15%。作出一圓，代表全部經費 2000 萬元，對應360°的圓心角，則用人費對應圓心角為 360°×45%＝162°。同理，業務費為144°，經常費為54°，用量角器可作出底下的圓形圖。

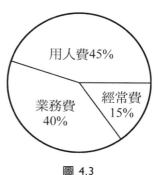

圖 4.3

1. 某班期中考數學成績如下：

   82,77,92,55,68,72,67,42,75,40,72,45,47,64,50,58,30,25,54,65,

   83,96,65,73,87,48,94,72,68,67,78,82,80,87,72,66,93,64,73,62,

   98,88,63,55,57,81,83,67,85,70

   試將 0~100 分成 10 組，列出本班數學分數之次數分配表，累積次
   數分配表，並畫出直方圖、折線圖及累積次數分配曲線圖。

2. 某公司員工年齡資料如下：

年齡	15~20	20~25	25~30	30~35	35~40	40~45	45~50	50~55	55~60
人數	32	48	28	44	30	18	15	9	6

   試畫出直方圖、折線圖、累積次數分配曲線圖。

4-5　統計量的分析

　　統計資料經過搜集、整理、分類、製表後，只能看出大致的趨勢，必須以適當衡量標準，加以分析和比較，並解釋其結果。而平均數常用來顯示母群體資料的集中趨勢，常用的平均數有算術平均數、中位數及眾數。

一、算術平均數

　　一組資料的數據總和，除以此組資料的個數，所得的商，即為算術平均數，記為 $\overline{X}$，其計算方法如下：

1. 資料未分組時：設 $x_1, x_2, \ldots, x_n$ 為一組資料的數據，則其算術平均數為

$$\overline{X} = \frac{1}{n}(x_1 + x_2 + \ldots + x_n)$$
$$= \frac{1}{n}\sum_{i=1}^{n} x_i$$

2. 資料已分組時：設一組資料中，其數值有 k 個相同，x_1 出現 f_1 次，x_2 出現 f_2 次，$\cdots$，x_k 出現 f_k 次，但總次數 $n = \sum_{i=1}^{k} f_i$。則其算術平均數為

$$\overline{X} = \frac{1}{n}(f_1 x_1 + f_2 x_2 + \ldots + f_k x_k)$$
$$= \frac{1}{n}\sum_{i=1}^{k} f_i x_i$$

　　當資料分成 k 組時，而每一組資料均勻分佈於該組之組距上，或集中該組的組中點 x_i，則以組中點 x_i 代表該組內各數的平均數，因此以 $\frac{1}{n}\sum_{i=1}^{k} f_i x_i$ 表其 n 個數據的平均數。

3. 資料重要性須加權時：設 n 個資料中，x_1 的權重為 w_1，x_2 的權重為 w_2，…，x_n 的權重為 w_n，則其加權平均數為

$$\overline{X} = \frac{\sum_{i=1}^{n} w_i x_i}{\sum_{i=1}^{n} w_i}$$

例題 1

設 10 名幼兒體重分別為 15, 12, 16, 15, 14, 14, 13, 17, 14, 16（公斤），試求幼兒平均體重？

解 平均體重為

$$\overline{X} = (15+12+16+15+14+14+13+17+14+16) \div 10 \quad （未分組）$$

$$= (12 \times 1 + 13 \times 1 + 15 \times 2 + 14 \times 3 + 16 \times 2 + 17 \times 1) \div 10 \quad （已分組）$$

$$= \frac{146}{10} = 14.6 \quad （公斤）$$

例題 2

某般數學期中考成績次數分配如下，試求其算數平均數？

組別	10~20	20~30	30~40	40~50	50~60	60~70	70~80	80~90	90~100	合計
次數	2	1	3	2	4	7	14	12	5	50

解 以各組距的中點為各該組的平均數，故該班平均數為

$$\overline{X} = (15 \times 2 + 25 \times 1 + 35 \times 3 + 45 \times 2 + 55 \times 4 + 65 \times 7$$

$$+ 75 \times 14 + 85 \times 12 + 95 \times 5) \div 50$$

$$= \frac{3470}{50} = 69.4$$

例題 3

某生期中考成績如下，求其平均數？

科目	數學	國文	英文	化學	社會科學
學分	5	4	4	3	2
成績	90	85	78	75	70

解

$$平均數\ \overline{X} = \frac{\sum_{i=1}^{n} w_i \cdot x_i}{\sum_{i=1}^{n} w_i}$$

$$= \frac{90 \times 5 + 85 \times 4 + 78 \times 4 + 75 \times 3 + 70 \times 2}{5 + 4 + 4 + 3 + 2}$$

$$= \frac{1467}{18}$$

$$= 81.5$$

算術平均數乃是各數值的重心，即 $\sum_{i=1}^{n}(x_i - \overline{X}) = 0$，且其計算容易，但容易受到極端值的影響，如四人年齡分別為 2, 3, 4, 80（歲），則四人平均年齡為 22.5 歲，此時平均數失去代表性，故應用時，必須考慮所有資料是否十分集中，是否具有相同的重要性？因此對某些問題，也許採用中位數較為恰當。

二、中位數

將一組資料數據按其大小排列後，位於最中間的數據稱為中位數，記為 Me，中位數的計算方法如下：

1. 資料未分組時：將 n 個數值 $x_1, x_2, ..., x_n$ 按大小排列為

$$x_{(1)} \leq x_{(2)} \leq ... \leq x_{(n)}$$

若 n 為奇數，則第 $\dfrac{n+1}{2}$ 的數據為中位數，即

$$Me = x_{(\frac{n+1}{2})}$$

若 n 為偶數，則取第 $\dfrac{n}{2}$ 個和第 $(\dfrac{n}{2}+1)$ 個位置的數據的平均數為中位數，即

$$Me = \frac{1}{2}(x_{(\frac{n}{2})} + x_{(\frac{n}{2}+1)})$$

2. 資料分組時：將資料整理成以下累積次數分配表，如下表所示，則中位數必落在第 i 組 $L_i - U_i$ 內，假設該組內各數據均勻分布該組距內，則由內插法可求得中位數，如圖 4.4。

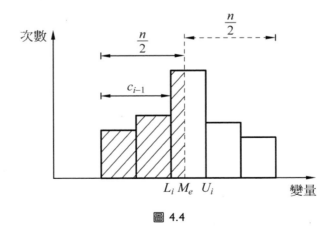

圖 4.4

表 4-4 以下累積次數分配表

組別	次數 f	以下累積次數 c
$L_1 - U_1$	f_1	$c_1 = f_1$
$L_2 - U_2$	f_2	$c_2 = f_1 + f_2$
$\vdots$	$\vdots$	$\vdots$
$L_{i-1} - U_{i-1}$	f_{i-1}	$c_{i-1} = f_1 + f_2 + \cdots + f_{i-1} < \dfrac{n}{2}$
$L_i - U_i$	f_i	$c_i = f_1 + f_2 + \cdots + f_{i-1} + f_i \geq \dfrac{n}{2}$
$\vdots$	$\vdots$	$\vdots$
$L_k - U_k$	f_k	$c_k = f_1 + f_2 + \cdots + f_k = n$

$$\frac{\dfrac{n}{2} - c_{i-1}}{Me - L_i} = \frac{f_i}{U_i - L_i} \text{，因此求得中位數}$$

$$Me = L_i + \frac{\dfrac{n}{2} - c_{i-1}}{f_i}(U_i - L_i)$$

同理可得

$$Me = U_i - \frac{c_i - \dfrac{n}{2}}{f_i}(U_i - L_i)$$

例題 4

某公司 9 名員工月薪為：總經理 30 萬元，副總經理 20 萬元，經理 11 萬元，4 位職員各 4 萬元，二位工友各 2 萬元，求該公司員工月薪平均數、中位數。

解 平均數

$$\overline{X} = (30 + 20 + 11 + 16 + 4) \div 9$$

$$= 9（萬元）$$

月薪排列如下：

$$2 \leq 2 \leq 4 \leq 4 \leq 4 \leq 4 \leq 11 \leq 20 \leq 30$$

故中位數

$Me = 4$（萬元）

由此可知平均數易受端值的影響，中位數較穩定。

例題 5

求例題 1 中 10 位幼兒體重的中位數？

解 將 10 位幼兒體重排序如下：

$$12 \leq 13 \leq 14 \leq 14 \leq 14 \leq 15 \leq 15 \leq 16 \leq 16 \leq 17$$

故中位數

$$Me = \frac{1}{2}(14 + 15) = 14.5（公斤）$$

因此當資料集中時，平均數與中位數很接近。

例題 6

試求例題 2 中之中位數？

解 中位數落在第七組 70－80 內，由公式得

$$Me = L_i + \frac{\frac{n}{2} - c_{i-1}}{f_i}(U_i - L_i)$$

$$= 70 + \frac{25 - 19}{14} \cdot 10$$

$$= 74.3$$

表示全班有一半的人成績低於 74.3 分。

三、眾數

一組資料中，出現次數最多的數字稱為眾數，記為 M_0，若數據出現的次數都相同，則眾數不存在，若最多次數有好幾個，則眾數就有好幾個不是唯一的。

例題 7

求例題 1 中 10 位幼兒體重的眾數？

解 將 10 位幼兒體重排序如下：

$12 \leq 13 \leq 14 \leq 14 \leq 14 \leq 15 \leq 15 \leq 16 \leq 16 \leq 17$

故眾數 $M_0 = 14$。

四、四分位距

將一組數值資料由小排到大後，排在中位數前面之所有數值的中位數，稱為第 1 四分位數記為 Q_1，排在中位數後面所有數值的中位數稱為第 3 四分位數記為 Q_3，則第 3 四分位數與第 1 四分位數的差稱為四分位距，通常以 IQR 表示，即 $IQR = Q_3 - Q_1$。

五、四分差

四分差是變異量數的一種，是指一組數值按大小排列後最中間 50% 數值的全距之一半，即 $\dfrac{Q_3 - Q_1}{2}$ 通常以 Q 表示。

例題 8

求例題 1 中 10 位幼兒體重的四分位距及四分差。

解 將 10 位幼兒體重排序如下：

$$12 \leq 13 \leq 14 \leq 14 \leq 14 \leq 15 \leq 15 \leq 16 \leq 16 \leq 17$$

中位數 $M_e = \dfrac{14+15}{2} = \dfrac{29}{2}$

$$Q_1 = 14$$

$$Q_3 = 16$$

$$IQR = Q_3 - Q_1 = 16 - 14 = 2$$

$$Q = \dfrac{Q_3 - Q_1}{2} = \dfrac{16 - 14}{2} = 1$$

六、標準差

　　用平均數來看母群體的集中趨勢，但訊息似乎不夠，如某次數學考試，甲、乙兩班平均分數均為 75 分，也許甲班學生分數大都在 75 分上下，而乙班學生分數，可能有些很高，而有些很低，也就是說，平均數一樣，但資料分散情況卻不同。通常以標準差來衡量資料離散情況及算術平均數代表性之好壞程度。

　　一組資料數據中，各數據與算術平均數差之平方的平均數，稱為變異數，通常以符號 S^2 代表樣本資料的變異數，而其平方根稱為標準差，以 S 表之。變異數雖可表示資料離散程度，但其單位為原資料單位的平方，較不適合比較，因此以標準差來表示資料離散程度。變異數的算法如下：

1. **資料未分組時**：設 n 個資料數據為 $x_1, x_2, \cdots, x_n$，則其變異數 S^2 為

$$S^2 = \frac{1}{n} \sum_{i=1}^{n} (x_i - \overline{X})^2$$
$$= \frac{1}{n} \sum_{i=1}^{n} x_i^2 - \frac{2\overline{X}}{n} \sum_{i=1}^{n} x_i + (\overline{X})^2$$
$$= \frac{1}{n} \sum_{i=1}^{n} x_i^2 - (\overline{X})^2$$

式中 $\overline{X}$ 為 $x_1, x_2, \cdots, x_n$ 之算術平均數。

在推論統計裡，通常母群體的性質不確定，其變異數 (σ^2) 大小無法知道，必須以樣本變異數 S^2 來估計它，此時樣本變異數分母用 $(n-1)$，而不是 n，才不會低估它。當 $n > 30$ 時，兩者相差很少，本書採用 n，不管資料為全部母群體或是樣本資料，因我們只想描述資料分散情況而已。

2. **資料分組時**：若 n 個資料分成 k 組，而各組內的次數 f_i 集中於組中點 x_i 或均勻分布於組距內，則其變異數為

$$S^2 = \frac{1}{n}\sum_{i=1}^{k} f_i(x_i - \overline{X})^2$$

$$= \frac{1}{n}\left[\sum_{i=1}^{k} f_i x_i^2 - n(\overline{X})^2\right]$$

式中 $\overline{X} = \dfrac{1}{n}\sum_{i=1}^{k} f_i x_i$ 為算術平均數。

例題 9

試求 2, 4, 7, 5, 8，五個數據之變異數及標準差？

解 平均數 $\overline{X} = \dfrac{2+4+7+5+8}{5} = 5.2$

變異數 $S^2 = \dfrac{2^2 + 4^2 + 7^2 + 5^2 + 8^2}{5} - (5.2)^2$

$$= 31.6 - 27.04$$

$$= 4.56$$

標準差 $S = \sqrt{4.56} = 2.14$

標準差的性質：

　　設 x 表示一群數值資料，S_x 表示 x 的標準差，$bx+a$ 表示 x 數值乘以 b 倍再加 a 的一群資料，則有下列關係。

(1) 若 $S_x = 0$，則 x 中的各數值必全部相等。

(2) 若 $S_{x+a} = S_x$，即將一群資料平移，其標準差不變。

(3) 若 $S_{bx} = |b|S_x$，即將一群資料乘以 b 倍後，其標準差為原來標準差的 $|b|$ 倍。

(4) 若 $S_{bx+a} = |b|S_x$，即將一群資料乘以 b 倍，再平移，其標準差為原來標準差的 $|b|$ 倍。

例題 10

設有 $X = x_1, x_2, x_3, \cdots x_n$ 共 n 筆資料，將 n 筆資料分乘以 3 再減 6，而得一組新資料 $Y = y_1, y_2, y_3, \cdots y_n$，若 Y 的算術平均數為 51，X 的標準差為 5 試求 X 的算術平均數及 Y 的標準差各為何？

解 $\overline{Y} = 3\overline{X} - 6$，$51 = 3\overline{X} - 6$

$$\therefore \overline{X} = 19$$

$$S_y = S_{3x-6} = 3S_x = 3 \cdot 5 = 15$$

故 X 的算術平均數為 19，Y 的標準差為 15。

七、常態分配

統計中最常見的分配，其資料的次數分配曲線呈現左右對稱的鐘形曲線稱之為常態分配。

若一組數值資料的平均數為 $\overline{X}$，標準差為 S，就能大概估算出：

1. 大約有 68% 的數值資料落在區間 $(\overline{X} - S, \overline{X} + S)$ 內。

2. 大約有 95% 的數值資料落在區間 $(\overline{X} - 2S, \overline{X} + 2S)$ 內。

3. 大約有 99.7% 的數值資料落在區間 $(\overline{X} - 3S, \overline{X} + 3S)$ 內。

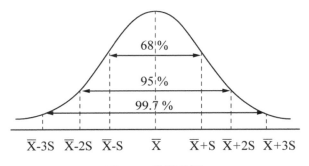

圖 4.5 常態分配

例題 11

某校五專二年級有 800 人，數學期中考呈常態分配，已知全校的平均為 70 分，標準差為 10 分，則該校約有多少人及格？而 90 分以上約有多少人？

解　$\overline{X} = 70$　$S = 10$

$\overline{X} - S = 70 - 10 = 60$

$800 \times 84\% = 672$　（$68\% + \dfrac{100\% - 68\%}{2} = 84\%$）

$\overline{X} + 2S = 70 + 20 = 90$

$800 \times 2.5\% = 20$　（$\dfrac{100\% - 95\%}{2} = 2.5\%$）

約有 672 人及格，約有 20 人 90 分以上。

習題 4-5

EXERCISE

1. 求下列資料之算數平均數、中位數、眾數、四分位距、四分差

   5, 9, 8, 5, 6, 4, 10, 7, 12, 9, 0, 9, 12, 1, 14

2. 甲生某次期末考五科成績分別為：

   73, 75, 76, 77, 79，求此次五科成績的標準差為何？

3. 一組資料的算數平均數為 18、標準差為 5，將此組料每一項先乘以 3 再加 10，則新資料的算術平均數及標準差為何？

4. 某校四技新生有 600 人，英文期中考呈常態分配，已知全校平均為 50 分，標準差為 10 分，則該校約有幾人及格？而 30 分以上約有幾人？

MEMO

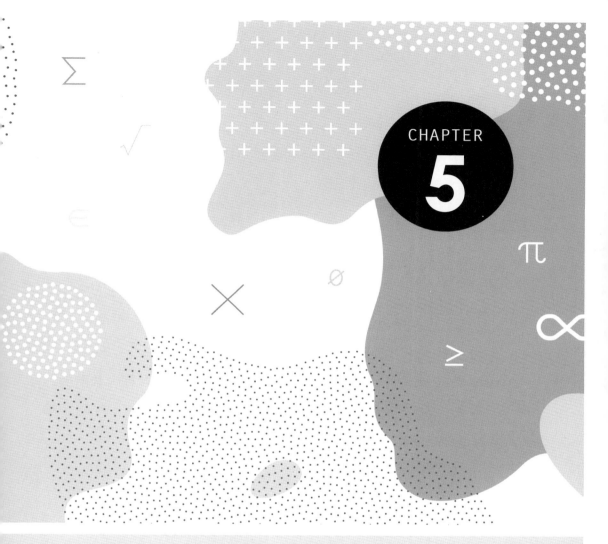

CHAPTER

5

矩陣與行列式

5-1　矩　陣

　　矩陣是由一些數字或文字所排列成的矩形陣列，以方括弧 [ ] 表出，以下先說明一般性的 $m \times n$ 階矩陣。

定義 5-1

　　設 m 及 n 為正整數，且每一個 a_{ij}，$1 \leq i \leq m$，$1 \leq j \leq n$，皆為實數，

則 $A = \begin{bmatrix} a_{11} & a_{12} & \cdots & a_{1n} \\ a_{21} & a_{22} & \cdots & a_{2n} \\ \vdots & & & \\ a_{m1} & a_{m2} & \cdots & a_{mn} \end{bmatrix}$ 稱為一個 $m \times n$ 階的實數矩陣。

　　矩陣 A 可簡記為 $A = \begin{bmatrix} a_{ij} \end{bmatrix}_{m \times n}$，我們稱 A 有 m 列 n 行，其階數為 $m \times n$。當 $m = n$ 時，我們稱 A 為一方陣，以 $\begin{bmatrix} a_{ij} \end{bmatrix}_n$ 表示，定義中之 a_{ij} 為矩陣 A 中第 i 列第 j 行之元素。

例題 1

$\begin{bmatrix} 1 & 3 & 2 & 5 \\ 2 & -1 & 7 & 3 \\ 9 & 6 & 2 & 8 \end{bmatrix}$ 為一 3×4 階矩陣，而 $a_{14} = 5$，$a_{23} = 7$，$a_{34} = 8$。

　　一般而言，2 階方陣常記作 $\begin{bmatrix} a_{11} & a_{12} \\ a_{21} & a_{22} \end{bmatrix}$。

　　每一個元素均為 0 的矩陣稱為零矩陣，以 O 或 $\begin{bmatrix} O \end{bmatrix}_{m \times n}$ 表示。在 n 階方陣 $A = \begin{bmatrix} a_{ij} \end{bmatrix}_n$ 中，n 個元素 $a_{11}, a_{22}, \cdots, a_{nn}$ 構成矩陣 A 之主對角線。一個 n

階方陣除了主對角線元素為 1 之外，其他元素皆為 0，稱為 n 階單位矩陣，以 I_n 表示，即

$$I_n = \begin{bmatrix} a_{11} & & & O \\ & a_{22} & & \\ & & \ddots & \\ O & & & a_{nn} \end{bmatrix} , \quad a_{11} = a_{22} = \cdots = a_{nn} = 1$$

只有一列的矩陣稱為列矩陣，只有一行的矩陣稱為行矩陣。

例題 2

$$I_3 = \begin{bmatrix} 1 & 0 & 0 \\ 0 & 1 & 0 \\ 0 & 0 & 1 \end{bmatrix}$$

$\begin{bmatrix} -1 & 2 & 5 \end{bmatrix}$ 為一列矩陣，階數為 1×3

$$\begin{bmatrix} 1 \\ -3 \\ 5 \\ -7 \end{bmatrix}$$ 為一行矩陣，階數為 4×1

定義 5-2

將一 $m \times n$ 階矩陣 $A = \begin{bmatrix} a_{ij} \end{bmatrix}_{m \times n}$ 之行與列互換，所得的矩陣為一 $n \times m$ 階矩陣，稱為原矩陣的轉置矩陣，以 A^T 表示。

例題 3

$$A = \begin{bmatrix} 2 & 4 \\ -1 & 8 \\ 0 & -7 \end{bmatrix}$$

則

$$A^T = \begin{bmatrix} 2 & -1 & 0 \\ 4 & 8 & -7 \end{bmatrix}$$

對任意矩陣 A 而言，明顯地 $(A^T)^T = A$。

習題 **5-1**

EXERCISE

1. 下列矩陣的階各為何？

   (1) $[5]$

   (2) $[1 \quad 2 \quad 3 \quad 4 \quad 5]$

   (3) $\begin{bmatrix} 1 & 3 & 5 \\ 7 & 2 & 8 \\ 4 & 6 & 9 \end{bmatrix}$

   (4) $\begin{bmatrix} 0 & 1 & 10 & 5 & 1 \\ -2 & 0 & 1 & 0 & 3 \\ 3 & 5 & 8 & 10 & 7 \end{bmatrix}$

2. 設 $A = \begin{bmatrix} a_{ij} \end{bmatrix}_{3 \times 2}$，且 $a_{ij} = ij - i + j$，試寫出矩陣 A。

3. 若 $|A = \begin{bmatrix} 1 & 3 & 7 & 10 \\ 9 & 5 & 6 & 8 \end{bmatrix}$

   求 A^T。

4. 矩陣

   $$A = \begin{bmatrix} 3 & -2 & 4 & 1 \\ 0 & 5 & 8 & 6 \\ 10 & 100 & 0 & 1000 \\ 0 & 1 & 2 & 3 \end{bmatrix}$$

   求 A 之元素 a_{23} 及 a_{42}。

5-2　矩陣之加減法及係數積

　　介紹過矩陣之後，我們將討論矩陣之間的相等，以及相加，相減，相乘等運算法則。首先介紹兩矩陣的相等。

一、矩陣的相等

　　兩矩陣 A，B 相等的條件有 2 個，一是 A 和 B 的階數相同，即 A 和 B 有相同的行數和列數；第二個條件是對所有的 i，j，$a_{ij} = b_{ij}$，則我們稱矩陣 A 和矩陣 B 相等，以 $A = B$ 表示。

例題 1

若 $\begin{bmatrix} x & 9 \\ 3 & y \end{bmatrix} = \begin{bmatrix} 2 & 9 \\ 3 & -5 \end{bmatrix}$，則 $x = 2$，$y = -5$。

例題 2

下面 6 個矩陣中

$$A = \begin{bmatrix} 1 & 2 \\ 3 & 4 \\ 5 & 6 \end{bmatrix} \qquad B = \begin{bmatrix} -1 & 2 & 3 \\ 4 & 5 & -6 \\ -7 & 8 & 9 \end{bmatrix}$$

$$C = \begin{bmatrix} 1 & -2 \\ 5 & 6 \end{bmatrix} \qquad D = \begin{bmatrix} 2 & -7 \\ 4 & 8 \\ -6 & 9 \end{bmatrix}$$

$$E = \begin{bmatrix} -1 & 5 \\ 7 & -8 \\ 4 & 2 \end{bmatrix} \qquad F = \begin{bmatrix} 1 & 2 \\ 3 & 4 \\ 5 & 6 \end{bmatrix}$$

只有 A 和 F 相等。

二、矩陣的加法

　　兩個矩陣有相同階數時，我們可將位於兩矩陣中相同位置之元素相加，所得之數仍放在同一位置，而構成一新的矩陣，即

定義 5-3

　　若 $A = \left[a_{ij} \right]_{m \times n}$，$B = \left[b_{ij} \right]_{m \times n}$，則

$$A + B = C = \left[c_{ij} \right]_{m \times n}$$

其中

$$c_{ij} = a_{ij} + b_{ij} \, , \ 1 \le i \le m \, , \ 1 \le j \le n$$

亦即

$$A + B = \left[a_{ij} \right] + \left[b_{ij} \right] = \left[a_{ij} + b_{ij} \right] = \left[c_{ij} \right] = C$$

例題 3

$$A = \begin{bmatrix} 1 & 2 & 5 \\ 8 & 3 & 9 \\ 4 & 7 & 6 \end{bmatrix} , \ B = \begin{bmatrix} -1 & 4 & 8 \\ 7 & -2 & 5 \\ 6 & 9 & -3 \end{bmatrix}$$

求 $A + B$ 及 $B + A$。

解 因為 A，B 都是 3 階方陣，故 $A+B$ 與 $B+A$ 皆有意義，而

$$A+B = \begin{bmatrix} 0 & 6 & 13 \\ 15 & 1 & 14 \\ 10 & 16 & 3 \end{bmatrix} = B+A$$

　　矩陣之和僅將各對應元素相加而得，而一般之加法滿足交換律及結合律，我們可得到以下定理：

定理 5-1

同階矩陣 A，B，C 則

(1) $A+B = B+A$ （交換律）

(2) $(A+B)+C = A+(B+C)$ （結合律）

　　由矩陣之加法及零矩陣之定義，我們可得到零矩陣為矩陣加法的單位元素，即

$$A+O = O+A = \left[a_{ij}+0 \right]_{m \times n} = A$$

則我們可定義 $-A$ 為矩陣 A 的加法反元素。

　　若 $A = \left[a_{ij} \right]_{m \times n}$，則 $-A$ 之定義為 $-A = \left[-a_{ij} \right]_{m \times n}$

　　而 $A+(-A) = \left[a_{ij} \right]_{m \times n} + \left[-a_{ij} \right]_{m \times n} = \left[0 \right]_{m \times n} = O_{m \times n}$。有了矩陣 A 之加法反元素，我們可以介紹矩陣的減法。

三、矩陣的減法

A、B 為同階矩陣，則我們定義兩矩陣之減法為

$$B - A = B + (-A) = \begin{bmatrix} b_{ij} \end{bmatrix} + \begin{bmatrix} -a_{ij} \end{bmatrix} = \begin{bmatrix} b_{ij} - a_{ij} \end{bmatrix}$$

> **例題** 4
>
> $A = \begin{bmatrix} 120 & 50 \\ 60 & 80 \end{bmatrix}$，$B = \begin{bmatrix} 10 & 50 \\ -30 & 70 \end{bmatrix}$，求 $A - B$。

解 因為

$$-B = \begin{bmatrix} -10 & -50 \\ 30 & -70 \end{bmatrix}$$

所以

$$A - B = A + (-B) = \begin{bmatrix} 120 + (-10) & 50 + (-50) \\ 60 + 30 & 80 + (-70) \end{bmatrix}$$
$$= \begin{bmatrix} 110 & 0 \\ 90 & 10 \end{bmatrix}$$

四、矩陣的係數積

依據矩陣加法的定理，若

$$A = \begin{bmatrix} a & b \\ c & d \end{bmatrix} \quad 可得$$

$$A + A = \begin{bmatrix} a & b \\ c & d \end{bmatrix} + \begin{bmatrix} a & b \\ c & d \end{bmatrix} = \begin{bmatrix} 2a & 2b \\ 2c & 2d \end{bmatrix}$$

$$A + A + A = \begin{bmatrix} a & b \\ c & d \end{bmatrix} + \begin{bmatrix} a & b \\ c & d \end{bmatrix} + \begin{bmatrix} a & b \\ c & d \end{bmatrix} = \begin{bmatrix} 3a & 3b \\ 3c & 3d \end{bmatrix}$$

我們可規定 $A + A = 2A$ ， $A + A + A = 3A$

$$\underbrace{A + A + \cdots A}_{k個} = kA ，k 為整數$$

且若 $A = \begin{bmatrix} a_{ij} \end{bmatrix}$ ，則 $kA = \begin{bmatrix} ka_{ij} \end{bmatrix}$ ，我們可定義如下：

定義 5-4

一實數 r 與一 $m \times n$ 階矩陣 A 之係數積仍為一 $m \times n$ 階矩陣，記作 rA ，而 $rA = \begin{bmatrix} ra_{ij} \end{bmatrix}_{m \times n}$ 。

例題 5

$A = \begin{bmatrix} 1 & 7 \\ 6 & 5 \\ 4 & 3 \end{bmatrix}$ ，求 $3A$ 、 $(-1)A$ 。

解　$3A = 3 \cdot \begin{bmatrix} 1 & 7 \\ 6 & 5 \\ 4 & 3 \end{bmatrix} = \begin{bmatrix} 3 \cdot 1 & 3 \cdot 7 \\ 3 \cdot 6 & 3 \cdot 5 \\ 3 \cdot 4 & 3 \cdot 3 \end{bmatrix} = \begin{bmatrix} 3 & 21 \\ 18 & 15 \\ 12 & 9 \end{bmatrix}$

$(-1)A = (-1) \begin{bmatrix} 1 & 7 \\ 6 & 5 \\ 4 & 3 \end{bmatrix} = \begin{bmatrix} (-1)1 & (-1)7 \\ (-1)6 & (-1)5 \\ (-1)4 & (-1)3 \end{bmatrix} = \begin{bmatrix} -1 & -7 \\ -6 & -5 \\ -4 & -3 \end{bmatrix} = -A$

由上例之 $(-1)A$ 我們可以發現，對任一個矩陣 A 中，$-A$ 與 $(-1)A$ 代表相同的矩陣，即 $-A = (-1)A$。

1. 兩矩陣

$$A = \begin{bmatrix} 1 & x & y \\ 1 & 4 & 9 \end{bmatrix}, \quad B = \begin{bmatrix} z & 2 & 3 \\ 1 & x^2 & y^2 \end{bmatrix}$$

已知 $A = B$，試求 x, y, z 之值。

2. 設

$$\begin{bmatrix} x+y & 2x+y \\ 4x-3y & x-y \end{bmatrix} = \begin{bmatrix} 3 & 4 \\ -2 & -1 \end{bmatrix}, \quad 試求 x 與 y。$$

3. 設

$$A = \begin{bmatrix} 5 & 3 & 2 \\ 1 & 4 & 7 \end{bmatrix}, \quad B = \begin{bmatrix} -1 & 3 & 4 \\ -2 & 5 & 3 \end{bmatrix}$$

試求下面各題 (1) $A+B$　(2) $A-B$　(3) $\dfrac{1}{3}A$　(4) $\dfrac{2}{5}B$　(5) $\dfrac{1}{3}A - \dfrac{2}{5}B$。

4. 設

$$A = \begin{bmatrix} 1 & 2 \\ 3 & 1 \\ 2 & 3 \end{bmatrix}, \quad B = \begin{bmatrix} 3 & 0 \\ 2 & 1 \\ 1 & 5 \end{bmatrix}$$

試求一矩陣 $X = \begin{bmatrix} x_{ij} \end{bmatrix}_{3 \times 2}$ 滿足下列矩陣方程式 $4X + 3B = 5A$。

5. 若矩陣 A，B，C 滿足 $2A+3B+C=O$，試求出矩陣 B，其中

$$A=\begin{bmatrix} -1 & 0 \\ 0 & 3 \end{bmatrix}，C=\begin{bmatrix} 2 & 1 \\ 1 & 1 \end{bmatrix}$$

5-3　矩陣的乘法

對於矩陣的乘法，假設 A，B 為兩矩陣，唯有當 A 的行數和 B 的列數相等時，$A \times B$ 才有意義，以下是一般矩陣乘法的定義：

定義 5-5

假設 $A = \left[a_{ij} \right]_{m \times n}$，$B = \left[b_{ij} \right]_{n \times p}$ 即

$$A = \begin{bmatrix} a_{11} & a_{12} & \cdots & a_{1n} \\ a_{21} & a_{22} & \cdots & a_{2n} \\ \vdots & & \cdots & \\ a_{m1} & a_{m2} & \cdots & a_{mn} \end{bmatrix}, \quad B = \begin{bmatrix} b_{11} & b_{12} & \cdots & b_{1p} \\ b_{21} & b_{22} & \cdots & b_{2p} \\ \vdots & & \cdots & \\ n_{n1} & b_{n2} & \cdots & b_{np} \end{bmatrix}$$

則定義 A 乘以 B 的積為

$$AB = C = \begin{bmatrix} c_{11} & c_{12} & \cdots & c_{1p} \\ c_{21} & c_{22} & \cdots & c_{2p} \\ \vdots & & \cdots & \\ c_{m1} & c_{m2} & \cdots & c_{mp} \end{bmatrix}_{m \times p},$$

其中 C 為一 $m \times p$ 階矩陣。

對每一 $i = 1, 2, \cdots, m$，$j = 1, 2, \cdots, p$ 而言都有

$$c_{ij} = a_{i1}b_{1j} + a_{i2}b_{2j} + \cdots + a_{in}b_{nj}$$
$$= \sum_{k=1}^{n} a_{ik} \cdot b_{kj}$$

例如一個 5×3 階矩陣乘以一個 3×4 階矩陣，我們考慮其第 2 列第 3 行位置之元素如下：

$$\begin{bmatrix} \times & \times & \times \\ \boxed{a \quad b \quad c} \\ \times & \times & \times \\ \times & \times & \times \\ \times & \times & \times \end{bmatrix}_{5\times3} \begin{bmatrix} \times\times & x & \times \\ \times\times & y & \times \\ \times\times & z & \times \end{bmatrix}_{3\times4} = \begin{bmatrix} \times & \times & \times & \times \\ \times & \times & \boxed{\alpha} & \times \\ \times & \times & \times & \times \\ \times & \times & \times & \times \\ \times & \times & \times & \times \end{bmatrix}_{5\times4}$$

其中　$\alpha = ax + by + cz$ 。

例題 1

求 $\begin{bmatrix} 1 & 2 \\ 3 & 4 \end{bmatrix}\begin{bmatrix} 5 & 7 \\ 6 & 8 \end{bmatrix}$ 。

解 所求之矩陣為

$$\begin{bmatrix} 1\cdot5+2\cdot6 & 1\cdot7+2\cdot8 \\ 3\cdot5+4\cdot6 & 3\cdot7+4\cdot8 \end{bmatrix} = \begin{bmatrix} 17 & 23 \\ 39 & 53 \end{bmatrix}$$

例題 2

求 $\begin{bmatrix} a & b & c \\ d & e & f \end{bmatrix}\begin{bmatrix} x \\ y \\ z \end{bmatrix}$ 。

解 所求矩陣為

$$\begin{bmatrix} ax+by+cz \\ dx+ey+fz \end{bmatrix}_{2\times1}$$

為一 2 列 1 行之矩陣。

以下我們要介紹矩陣乘法的一些性質，我們用實例來說明。

設

$$A = \begin{bmatrix} 1 & -2 \\ -2 & 4 \end{bmatrix} \qquad B = \begin{bmatrix} 4 & 6 \\ 2 & 3 \end{bmatrix}$$

$$C = \begin{bmatrix} 1 & 3 \\ 5 & 7 \end{bmatrix} \qquad I_2 = \begin{bmatrix} 1 & 0 \\ 0 & 1 \end{bmatrix}$$

則可得

$$AB = O_{2 \times 2} \; , \; AC = \begin{bmatrix} -9 & -11 \\ 18 & 22 \end{bmatrix} , \; CA = \begin{bmatrix} -5 & 10 \\ -9 & 18 \end{bmatrix}$$

$$AI_2 = I_2 A = A$$

由上例中可知，$AB = O$，並不似實數乘法般可得 $A = O$ 或 $B = O$。事實上，A，B 均不為零矩陣，且在矩陣之乘法中，單位矩陣即為乘法單位元素，即對任意 $m \times n$ 階矩陣 $A_{m \times n}$ 而言，

$$A_{m \times n} I_n = A_{m \times n} \; ; \; I_m A_{m \times n} = A_{m \times n}$$

且由上例中 $AC \neq CA$ 知，一般而言矩陣乘法不符合交換律。由以上說明，我們將一些矩陣乘法的重要性質敘述如下。首先我們提出矩陣乘法與一般實數乘法性質相同的性質。

定理 5-2

(1) 若 $A = \left[a_{ij} \right]_{m \times n}$，則

$$A_{m \times n} I_n = A_{m \times n} \; , \;\; I_m A_{m \times n} = A_{m \times n}$$

(2) 若 $A = \left[a_{ij} \right]_{m \times n}$，則

$$A_{m \times n} O_{n \times k} = O_{m \times k} \; , \;\; O_{p \times m} \cdot A_{m \times n} = O_{p \times n}$$

(3) 若 $A = \left[a_{ij} \right]_{m \times n}$， $B = \left[b_{jk} \right]_{n \times p}$， $C = \left[c_{kl} \right]_{p \times r}$

則矩陣乘法之結合律成立，即

$$(AB)C = A(BC)$$

　　　註：一般直接以 ABC 表示 $(AB)C$，為一 $m \times r$ 階矩陣

(4) 若 $A = \left[a_{ij} \right]_{m \times n}$， $B = \left[b_{jk} \right]_{np}$， $C = \left[c_{jk} \right]_{np}$， $D = \left[d_{k\ell} \right]_{pr}$

則乘法對加法之分配律成立即

$$A(B + C) = AB + AC \;\; （左分配律）$$
$$(B + C)D = BD + CD \;\; （右分配律）$$

(5)在係數積及乘法的運算下，矩陣的係數積與乘法滿足結合律，即若矩陣 A 與矩陣 B 可以相乘，則對任意實數 r，我們有以下性質：

$$r(AB) = (rA)B = A(rB)$$

例題 3

$A = \begin{bmatrix} 1 & 2 \\ 3 & 1 \end{bmatrix}$ ， $B = \begin{bmatrix} 2 & 1 \\ 1 & 0 \end{bmatrix}$ ， $C = \begin{bmatrix} 0 & 1 \\ 1 & 0 \end{bmatrix}$

求 $(AB)C$ 及 $A(BC)$ ， $A(B+C)$ 及 $AB+AC$ 。

解

$$AB = \begin{bmatrix} 4 & 1 \\ 7 & 3 \end{bmatrix} \qquad BC = \begin{bmatrix} 1 & 2 \\ 0 & 1 \end{bmatrix}$$

$$AC = \begin{bmatrix} 2 & 1 \\ 1 & 3 \end{bmatrix} \qquad B+C = \begin{bmatrix} 2 & 2 \\ 2 & 0 \end{bmatrix}$$

$$\begin{cases} (AB)C = \begin{bmatrix} 4 & 1 \\ 7 & 3 \end{bmatrix}\begin{bmatrix} 0 & 1 \\ 1 & 0 \end{bmatrix} = \begin{bmatrix} 1 & 4 \\ 3 & 7 \end{bmatrix} \\ A(BC) = \begin{bmatrix} 1 & 2 \\ 3 & 1 \end{bmatrix}\begin{bmatrix} 1 & 2 \\ 0 & 1 \end{bmatrix} = \begin{bmatrix} 1 & 4 \\ 3 & 7 \end{bmatrix} \end{cases}$$

$$\begin{cases} A(B+C) = \begin{bmatrix} 1 & 2 \\ 3 & 1 \end{bmatrix}\begin{bmatrix} 2 & 2 \\ 2 & 0 \end{bmatrix} = \begin{bmatrix} 6 & 2 \\ 8 & 6 \end{bmatrix} \\ AB+AC = \begin{bmatrix} 4 & 1 \\ 7 & 3 \end{bmatrix} + \begin{bmatrix} 2 & 1 \\ 1 & 3 \end{bmatrix} = \begin{bmatrix} 6 & 2 \\ 8 & 6 \end{bmatrix} \end{cases}$$

可見 $A(B+C) = AB+AC$

矩陣乘法與一般實數乘法不同的性質如下：

(1) 矩陣乘法一般而言不滿足交換律，例如：

$$A = \begin{bmatrix} 3 & 2 \\ -1 & 4 \end{bmatrix} ， B = \begin{bmatrix} 0 & -3 \\ 2 & -1 \end{bmatrix}$$

則

$$AB = \begin{bmatrix} 4 & -11 \\ 8 & -1 \end{bmatrix} \text{，} BA = \begin{bmatrix} 3 & -12 \\ 7 & 0 \end{bmatrix} \text{，}$$

可見 $AB \neq BA$

(2) 兩個矩陣皆不為零矩陣實，其乘積仍可能為一零矩陣，例如：

$$A = \begin{bmatrix} 3 & 1 \\ 6 & 2 \end{bmatrix} \text{，} B = \begin{bmatrix} -1 & 3 \\ 3 & -9 \end{bmatrix}$$

則

$$AB = \begin{bmatrix} 0 & 0 \\ 0 & 0 \end{bmatrix}$$

(3) 矩陣乘法之消去律不成立，即 A 不為零矩陣時，若 $AB = AC$，則 $B = C$ 不成立

例如：

$$A = \begin{bmatrix} 2 & 0 \\ 0 & 0 \end{bmatrix} \text{，} B = \begin{bmatrix} 4 & 0 \\ 1 & 2 \end{bmatrix} \text{，} C = \begin{bmatrix} 4 & 0 \\ 5 & 1 \end{bmatrix}$$

則計算後可得 $AB = AC = \begin{bmatrix} 8 & 0 \\ 0 & 0 \end{bmatrix}$，但是 $B \neq C$。

習題 5-3

EXERCISE

1. 若 $A = \begin{bmatrix} 1 & 3 & 5 \end{bmatrix}$，$B^T = \begin{bmatrix} 0 & 2 & 8 \end{bmatrix}$，試求 AB，$B^T A^T$。

2. 若 $A = \begin{bmatrix} 0 & 1 \\ 2 & 3 \end{bmatrix}$，$B = \begin{bmatrix} 1 & 0 & 2 \\ 0 & 3 & 4 \end{bmatrix}$，$C = \begin{bmatrix} 4 & 2 \\ 0 & 1 \end{bmatrix}$，試求 AB、CB、AC、

   $(AC)B$、$(A+C)B$。

3. 設矩陣 $A = \begin{bmatrix} \cos\theta & \sin\theta \\ -\sin\theta & \cos\theta \end{bmatrix}$，試求 A^2。$(A^2 = AA)$

4. 若 $A = \begin{bmatrix} \cos\theta & \sin\theta \\ -\sin\theta & \cos\theta \end{bmatrix}$ 且 $\theta = \dfrac{\pi}{6}$，試求 A^3。$(A^3 = AAA)$。

5. 設 $x \neq 0$，矩陣 $A = \begin{bmatrix} x & 0 \\ 0 & \dfrac{1}{x} \end{bmatrix}$，試求 A^2，A^3。

6. 若 $A = \begin{bmatrix} 2 & 1 \\ 1 & 0 \end{bmatrix}$，$B = \begin{bmatrix} -1 & 3 \\ 1 & 2 \end{bmatrix}$，試計算 AB 及 BA，並說明 $AB = BA$ 是

   否成立？

7. 試計算 $(AB)C$ 及 $A(BC)$，依本題 $(AB)C = A(BC)$ 是否成立？
   其中

   $$A = \begin{bmatrix} 5 & 3 & 2 \\ -3 & 2 & 4 \end{bmatrix}，\quad B = \begin{bmatrix} 2 & 0 & 1 & 0 \\ 0 & 2 & 0 & 3 \\ 3 & 1 & 0 & 5 \end{bmatrix}$$

   $$C = \begin{bmatrix} 1 & 2 & 3 \\ 0 & 2 & 5 \\ 5 & 1 & 3 \\ 4 & 2 & 8 \end{bmatrix}$$

8. 若 $A = \begin{bmatrix} 1 & -1 \\ 2 & 1 \end{bmatrix}$，試求(1) A^2、(2) A^3、(3) A^4。

9. 若 $A = \begin{bmatrix} 1 & 0 & 2 \\ 0 & 1 & 3 \end{bmatrix}$，試求(1) AA^T、(2) A^TA。

5-4　行列式

　　行列式是一個和方陣相關的數值，其起源和聯立線性方程組的解法有密切的關係。在解 n 個未知數的聯立線性方程組及計算面積和體積皆有其應用。

　　首先我們介紹二階和三階行列式。

定義 5-6

　　設二階方陣 $A = \begin{bmatrix} a & b \\ c & d \end{bmatrix}$，則由此二階方陣所構成之行列式稱為二階行列式，記之以 $\begin{vmatrix} a & b \\ c & d \end{vmatrix}$，以 $\det(A)$ 或 $|A|$ 表示此行列式，且規定 $\det(A) = |A| = \begin{vmatrix} a & b \\ c & d \end{vmatrix} = ad - bc$。

例題 1

　　$A = \begin{bmatrix} 1 & 4 \\ 7 & 9 \end{bmatrix}$，求 $\det(A)$。

解　$\det A = \begin{vmatrix} 1 & 4 \\ 7 & 9 \end{vmatrix} = 1 \times 9 - 7 \times 4 = -19$

定義 5-7

設三階方陣 $A = \begin{bmatrix} a_{11} & a_{12} & a_{13} \\ a_{21} & a_{22} & a_{23} \\ a_{31} & a_{32} & a_{33} \end{bmatrix}$，則由方陣 A 所構成之行列式稱為三

階行列式，以 $|A|$ 或 $\det(A)$ 表示，且規定

$$\det A = |A| = \begin{vmatrix} a_{11} & a_{12} & a_{13} \\ a_{21} & a_{22} & a_{23} \\ a_{31} & a_{32} & a_{33} \end{vmatrix}$$

$$\det A = |A| = (a_{11} \cdot a_{22} \cdot a_{33} + a_{12} \cdot a_{23} \cdot a_{31} + a_{13} \cdot a_{32} \cdot a_{21})$$
$$- (a_{13} \cdot a_{22} \cdot a_{31} + a_{23} \cdot a_{32} \cdot a_{11} + a_{33} \cdot a_{21} \cdot a_{12})$$

　　即在圖示裡三條實線中，每一條線所連接之三項相乘後相加，再減去三條虛線中每一條線所相連之三項乘積之總和。

例題 2

$A = \begin{bmatrix} 1 & 2 & 0 \\ 5 & 7 & 3 \\ -5 & 0 & 1 \end{bmatrix}$，求 $\det A$。

解 由定義 5-7 可得

$$\det A = \begin{vmatrix} 1 & 2 & 0 \\ 5 & 7 & 3 \\ -5 & 0 & 1 \end{vmatrix}$$
$$= (1 \cdot 7 \cdot 1 + 2 \cdot 3 \cdot (-5) + 0 \cdot 0 \cdot 5) - (0 \cdot 7 \cdot (-5) + 5 \cdot 2 \cdot 1 + 1 \cdot 3 \cdot 0) = -33$$

習題 5-4

EXERCISE

求下面各行列式之值

1. $\begin{vmatrix} 1 & 10 \\ 100 & 1000 \end{vmatrix}$

2. $\begin{vmatrix} x+y & 2x \\ y & x-y \end{vmatrix}$

3. $\begin{vmatrix} 1 & 0 & 2 \\ 5 & 10 & 4 \\ 8 & 0 & 6 \end{vmatrix}$

4. $\begin{vmatrix} 4 & 6 & 8 \\ 4 & -2 & 6 \\ 3 & 9 & -3 \end{vmatrix}$

5. $\begin{vmatrix} 8 & 1 & 5 \\ 10 & 4 & 3 \\ 2 & -1 & 3 \end{vmatrix}$

5-5　一次方程組之解

Cramer 法則

　　我們將以行列式的方法來解 (1) 式 $AX = B$，但其先決條件是 $\det A \neq 0$，以下是我們提供的方法。

定理 5-3　Cramer 法則

設 n 元一次方程組

$$\begin{cases} a_{11}x_1 + a_{12}x_2 + \cdots & a_{1n}x_n = b_1 \\ a_{21}x_1 + a_{22}x_2 + \cdots & a_{2n}x_n = b_2 \\ \vdots & \vdots \quad \vdots \\ \vdots & \vdots \quad \vdots \\ a_{n1}x_1 + a_{n2}x_2 + \cdots & a_{nn}x_n = b_n \end{cases} \quad \cdots\cdots\cdots\cdots(1)$$

中，其係數矩陣為 $A = \begin{bmatrix} a_{11} & a_{12} & \cdots & a_{1n} \\ a_{21} & a_{22} & \cdots & a_{2n} \\ \vdots & \vdots & & \vdots \\ a_{n1} & a_{n2} & \cdots & a_{nn} \end{bmatrix}$ ，

$$X = \begin{bmatrix} x_1 \\ \vdots \\ x_n \end{bmatrix} ,$$

其常數項矩陣為 $B = \begin{bmatrix} b_1 \\ b_2 \\ \vdots \\ b_n \end{bmatrix}$ 。

則 (1) 式可寫成 $AX = B$ ，若 $\det A \neq 0$ ，則方程組 $AX = B$ 的唯一解 $X = [X_i]_{n \times 1}$ 為

$$X_i = \frac{|A(x_i)|}{|A|} \quad ,$$

其中 $A(x_i)$ 為將方陣 A 之第 i 行以 B 取代後所得之方陣。

例題 1

試以 Cramer 法則解下列方程組：
$$\begin{cases} 3x - y = 2 \\ 5x + 2y = 18 \end{cases}$$

解　$|A| = \begin{vmatrix} 3 & -1 \\ 5 & 2 \end{vmatrix} = 11$

$|A(x)| = \begin{vmatrix} 2 & -1 \\ 18 & 2 \end{vmatrix} = 22$

$|A(y)| = \begin{vmatrix} 3 & 2 \\ 5 & 18 \end{vmatrix} = 44$

故

$$x = \frac{|A(x)|}{|A|} = \frac{22}{11} = 2 \quad , \quad y = \frac{|A(y)|}{|A|} = \frac{44}{11} = 4$$

例題 2

試解下列三元一次方程組：

$$\begin{cases} x_1 + 6x_2 - 3x_3 = 8 \\ 5x_1 \qquad\; + 8x_3 = 42 \\ -2x_1 + 3x_2 - x_3 = 1 \end{cases}$$

解

$$|A| = \begin{vmatrix} 1 & 6 & -3 \\ 5 & 0 & 8 \\ -2 & 3 & -1 \end{vmatrix} = -135$$

$$|A(x_1)| = \begin{vmatrix} 8 & 6 & -3 \\ 42 & 0 & 8 \\ 1 & 3 & -1 \end{vmatrix} = -270$$

$$|A(x_2)| = \begin{vmatrix} 1 & 8 & -3 \\ 5 & 42 & 8 \\ -2 & 1 & -1 \end{vmatrix} = -405$$

$$|A(x_3)| = \begin{vmatrix} 1 & 6 & 8 \\ 5 & 0 & 42 \\ -2 & 3 & 1 \end{vmatrix} = -540$$

故

$$x_1 = \frac{|A(x_1)|}{|A|} = 2 \; , \; x_2 = \frac{|A(x_2)|}{|A|} = 3 \; , \; x_3 = \frac{|A(x_3)|}{|A|} = 4$$

EXERCISE

1. 試利用兩種不同方法解下列方程組：

$$\begin{cases} 3x - y = 9 \\ x + 4y = -10 \end{cases}$$

2. 解下列方程組：

$$\begin{cases} x - 2y - z = 1 \\ 4x - 5y - 8z = 11 \\ 2x - y - 4z = 7 \end{cases}$$

3. 利用 Cramer 法則求解方程組：

$$\begin{cases} 2x + y - z = 3 \\ 3x + 3y - 2z = 7 \\ 2x - 3y + z = -1 \end{cases}$$

4. 解下列方程組：

$$\begin{cases} x + 2y + 3z = 1 \\ 5x + y + 5z = 1 \\ 3x + y + 4z = 1 \end{cases}$$

5. 試分別以兩種不同之方法解下列方程組：

$$\begin{cases} 3x - y - z = 6 \\ 5x + 2y - 5z = 14 \\ 2x + 3y - 4z = 8 \end{cases}$$

6. 解下列方程組：

$$\begin{cases} x + 2y - \ z = 1 \\ 2x - \ y + \ z = 2 \\ 2x + 4y - 2z = 0 \end{cases}$$

5-6　平面上線性變換與二階方陣

　　平面上線性變換，可利用矩陣的乘法，把點變換到點，線段變換到線段，向量變換到向量，直線變換到直線。二階方陣 $A = \begin{bmatrix} a_{11} & a_{12} \\ a_{21} & a_{22} \end{bmatrix}$ 作為變換矩陣，放在矩陣乘法的左邊；點 $P(x_1, y_1)$（可以是單獨 1 點，可以是單位向量的終點，也可以是線段的兩端點），寫成 2 階行矩陣 $P = \begin{bmatrix} x_1 \\ y_1 \end{bmatrix}$，放在矩陣乘法的右邊。二階方陣 $A = \begin{bmatrix} a_{11} & a_{12} \\ a_{21} & a_{22} \end{bmatrix}$ 乘以行矩陣 $P = \begin{bmatrix} x_1 \\ y_1 \end{bmatrix}$ 得到另外一個行矩陣 $Q = \begin{bmatrix} a_{11}x_1 + a_{12}y_1 \\ a_{21}x_1 + a_{22}y_1 \end{bmatrix}$，代表二階轉移矩陣將點 $P(x_1, y_1)$ 轉換成點 $Q = (a_{11}x_1 + a_{12}y_1, a_{21}x_1 + a_{22}y_1)$ 的線性變換，我們就稱矩陣 A 為將 P 點對應到 Q 點的座標變換。

例題 1

$A = \begin{bmatrix} 2 & 1 \\ 1 & -3 \end{bmatrix}$ 是二階方陣，求矩陣 A 對平面上點 $P(1, 0)$，$R(0, 1)$ 的座標變換。

解

$A = \begin{bmatrix} 2 & 1 \\ 1 & -3 \end{bmatrix}$，$P(1, 0)$，$R(0, I)$

$$U^T = AP^T = \begin{bmatrix} 2 & 1 \\ 1 & -3 \end{bmatrix}\begin{bmatrix} 1 \\ 0 \end{bmatrix} = \begin{bmatrix} 2 \times 1 + 1 \times 0 \\ 1 \times 1 + (-3) \times 0 \end{bmatrix} = \begin{bmatrix} 2 \\ 1 \end{bmatrix}$$

$$V^T = AR^T = \begin{bmatrix} 2 & 1 \\ 1 & -3 \end{bmatrix}\begin{bmatrix} 0 \\ 1 \end{bmatrix} = \begin{bmatrix} 2 \times 0 + 1 \times 1 \\ 1 \times 0 + (-3) \times 1 \end{bmatrix} = \begin{bmatrix} 1 \\ -3 \end{bmatrix}$$

得到變換後兩點

$U(2,1)$, $V(1,-3)$

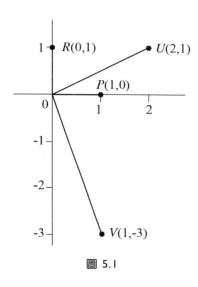

圖 5.1

例題 2

直線 $L : 2x - 3y = 12$ 經由矩陣 $M = \begin{bmatrix} 2 & 1 \\ 1 & -3 \end{bmatrix}$ 變換到直線 L'，求經過線

性變換後的 L' 方程式。

解　在直線 $L : 2x - 3y = 12$ 上任取 2 點 $A(6,0)$, $B(0,-4)$，作座標變換得

到新的 2 點 C, D，利用點斜式求出線性變換後的 L' 方程式

$M = \begin{bmatrix} 2 & 1 \\ 1 & -3 \end{bmatrix}$, $A(6,0)$, $B(0,-4)$,

$C^T : \begin{bmatrix} 2 & 1 \\ 1 & -3 \end{bmatrix} \begin{bmatrix} 6 \\ 0 \end{bmatrix} = \begin{bmatrix} 2\times 6 + 1\times 0 \\ 1\times 6 + (-3)\times 0 \end{bmatrix} = \begin{bmatrix} 12 \\ 6 \end{bmatrix}$

$$D^T : \begin{bmatrix} 2 & 1 \\ 1 & -3 \end{bmatrix} \begin{bmatrix} 0 \\ -4 \end{bmatrix} = \begin{bmatrix} 2\times0+1\times(-4) \\ 1\times0+(-3)\times(-4) \end{bmatrix} = \begin{bmatrix} -4 \\ 12 \end{bmatrix}$$

即 $C(12,6)$，　$D(-4,12)$，

$$L' = \overrightarrow{CD} : y-6 = \frac{12-6}{-4-12}(x-12)$$

$$\Rightarrow y-6 = \frac{3}{-8}(x-12)$$

$$\Rightarrow -8y+48 = 3x-36$$

$L' : 3x+8y = 84$

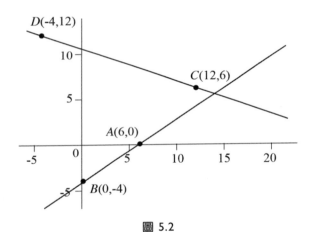

圖 5.2

例題 3

試求將點 $P(1,2)$ 變換到點 $Q(-8,10)$，同時將點 $T(-6,11)$ 變換到點 $U(-67,9)$ 的二階變換矩陣 A。

解　假設 $A = \begin{bmatrix} a & b \\ c & d \end{bmatrix}$，

則

$$AP = Q \Rightarrow \begin{bmatrix} a & b \\ c & d \end{bmatrix} \begin{bmatrix} 1 \\ 2 \end{bmatrix} = \begin{bmatrix} -8 \\ 10 \end{bmatrix} 得到聯立方程組 \begin{cases} a+2b=-8 \\ c+2d=10 \end{cases}$$

$$AT = U \Rightarrow \begin{bmatrix} a & b \\ c & d \end{bmatrix} \begin{bmatrix} -6 \\ 11 \end{bmatrix} = \begin{bmatrix} -67 \\ 9 \end{bmatrix} 得到聯立方程組 \begin{cases} -6a+11b=-67 \\ -6c+11d=9 \end{cases}$$

同時解 $\begin{cases} a+2b=-8 \\ -6a+11b=-67 \end{cases}$ 與 $\begin{cases} c+2d=10 \\ -6c+11d=9 \end{cases}$

得 $A = \begin{bmatrix} a & b \\ c & d \end{bmatrix} = \begin{bmatrix} 2 & -5 \\ 4 & 3 \end{bmatrix}$

旋轉矩陣

以原點 O 為中心，逆時針方向旋轉 θ 角的線性變換之轉換矩陣為

$A = \begin{bmatrix} \cos\theta & -\sin\theta \\ \sin\theta & \cos\theta \end{bmatrix}$，稱矩陣 A 為旋轉矩陣。而習題 5-3 中習題 3，

習題 4 中二階方陣 A 代表順時針的旋轉矩陣。

例題 4

求將點 $P(-6,8)$ 以 O 為圓心，逆時針旋轉 $60°$ 得到的點為何？

解 $Q^T = AP = \begin{bmatrix} \cos 60° & -\sin 60° \\ \sin 60° & \cos 60° \end{bmatrix} \begin{bmatrix} -6 \\ 8 \end{bmatrix} = \begin{bmatrix} -6\cos 60° - 8\sin 60° \\ -6\sin 60° + 8\cos 60° \end{bmatrix}$

$\qquad = \begin{bmatrix} -6 \times \dfrac{1}{2} - 8 \times \dfrac{\sqrt{3}}{2} \\ -6 \times \dfrac{\sqrt{3}}{2} + 8 \times \dfrac{1}{2} \end{bmatrix} = \begin{bmatrix} -3 - 4\sqrt{3} \\ -3\sqrt{3} + 4 \end{bmatrix}$

即 $\quad Q = (-3 - 4\sqrt{3}, 4 - 3\sqrt{3})$

習題 5-6

EXERCISE

1. $A = \begin{bmatrix} 2 & -3 \\ -3 & 2 \end{bmatrix}$ 是二階方陣，求矩陣 A 對平面上點 $P(1,0)$, $R(0,1)$ 的座標變換。

2. 直線 $L : 3x + 2y = 12$ 經由矩陣 $M = \begin{bmatrix} 2 & -1 \\ -1 & 3 \end{bmatrix}$ 變換到直線 L'，求經過線性變換後的 L' 方程式。

3. 試求將點 $P(1,2)$ 變換到點 $Q(-8,10)$，同時將點 $T(-6,11)$ 變換到點 $U(18,9)$ 的二階變換矩陣 A。

4. 求將點 $P(-10,14)$ 以 O 為圓心，逆時針旋轉 $120°$ 得到的點為何？

附錄一　對數表

N	0	1	2	3	4	5	6	7	8	9
10	0000	0043	0086	0128	0170	0212	0253	0294	0334	0374
11	0414	0053	0492	0531	0569	0607	0645	0682	0719	0755
12	0792	0828	0864	0899	0934	0969	1004	1038	1072	1106
13	1139	1173	1206	1239	1271	1303	1335	1367	1399	1430
14	1461	1492	1523	1553	1584	1614	1644	1673	1703	1732
15	1761	1790	1818	1847	1875	1903	1931	1959	1987	2014
16	2041	2068	2095	2122	2148	2175	2201	2227	2253	2279
17	2304	2330	2355	2380	2405	2430	2455	2480	2504	2529
18	2553	2577	2601	2625	2648	2672	2695	2718	2742	2765
19	2788	2810	2833	2856	2878	2900	2923	2945	2967	2989
20	3010	3032	3054	3075	3096	3118	3139	3160	3181	3201
21	3222	3243	3263	3284	3304	3324	3345	3365	3385	3404
22	3424	3444	3464	3483	3502	3522	3541	3560	3579	3598
23	3617	3636	3655	3674	3692	3711	3729	3747	3766	3784
24	3802	3820	3838	3856	3874	3892	3909	3927	3945	3962
25	3979	3997	4014	4031	4048	4068	4082	4099	4116	4133
26	4150	4166	4183	4200	4216	4232	4249	4265	4281	4298
27	4314	4330	4346	4362	4378	4393	4409	4425	4440	4456
28	4472	4487	4502	4518	4533	4548	4564	4579	4594	4609
29	4624	4639	4654	4669	4683	4698	4713	4728	4742	4757
N	0	1	2	3	4	5	6	7	8	9

N	0	1	2	3	4	5	6	7	8	9
30	4771	4786	4800	4814	4829	4843	4857	4871	4886	4900
31	4914	4928	4942	4955	4969	4983	4997	5011	5024	5038
32	5051	5065	5079	5092	5105	5119	5132	5145	5159	5172
33	5185	5198	5211	5224	5237	5250	5263	5276	5289	5302
34	5315	5328	5340	5353	5366	5378	5391	5403	5416	5428
35	5441	5453	5465	5478	5490	5520	5514	5527	5539	5551
36	5563	5575	5587	5599	5611	5623	5635	5647	5658	5670
37	5682	5694	5705	5717	5729	5740	5752	5763	5775	5786
38	5798	5809	5821	5832	5843	5855	5866	5877	5888	5899
39	5911	5922	5933	5944	5955	5966	5977	5988	5999	6010
40	6021	6031	6042	6053	6064	6075	6085	6096	6107	6117
41	6128	6138	6149	6160	6170	6180	6191	6201	6212	6222
42	6232	6243	6253	6263	6274	6284	6294	6304	6314	6325
43	6335	6345	6355	6365	6375	6385	6395	6405	6415	6425
44	6435	6444	6454	6464	6474	6484	6493	6503	6513	6522
45	6532	6542	6551	6561	6571	6580	6590	6559	6609	6618
46	6628	6637	6646	6656	6665	6675	6684	6693	6602	6712
47	6721	6730	6739	6749	6758	6767	6776	6758	6794	6803
48	6812	6821	6830	6830	6848	6857	6866	6875	6884	6893
49	6902	6911	6920	6928	6937	6946	6955	6964	6972	6981
50	6990	6998	7007	7016	7024	7033	7042	7050	7059	7069
51	7076	7084	7093	7101	7110	7118	7126	7135	7143	7152
52	7160	7168	7177	7185	7193	7202	7210	7218	7226	7235
53	7243	7251	7259	7267	7275	7285	7292	7300	7308	7316
54	7324	7332	7340	7348	7356	7364	7372	7380	7388	7396
N	0	1	2	3	4	5	6	7	8	9

N	0	1	2	3	4	5	6	7	8	9
55	7404	7412	7419	7424	7435	7443	7451	7459	7466	7474
56	7482	7490	7497	7505	7513	7520	7528	7536	7543	7551
57	7559	7566	7574	7582	7589	7597	7604	7612	7619	7627
58	7634	7642	7649	7657	7664	7672	7679	7686	7694	7701
59	7709	7716	7723	7731	7738	7745	7752	7760	7767	7774
60	7782	7789	7796	7803	7810	7818	7825	7832	7839	7846
61	7853	7860	7868	7875	7882	7889	7896	7903	7910	7917
62	7924	7931	7938	7945	7952	7959	7966	7973	7980	7987
63	7993	8000	8007	8014	8021	8028	8035	8041	8048	8055
64	8062	8069	8075	8082	8089	8096	8102	8109	8116	8122
65	8129	8136	8142	8149	8156	8162	8169	8176	8182	8189
66	8195	8202	8209	8215	8222	8228	8235	8241	8248	8254
67	8261	8267	8274	8280	8287	8293	8299	8306	8312	8319
68	8325	8331	8338	8344	8351	8357	8363	8370	8376	8382
69	8388	8395	8401	8407	8414	8420	8426	8432	8439	8445
70	8451	8457	8463	8470	8476	8482	8488	8494	8500	8506
71	8513	8519	8525	8531	8537	8543	8549	8555	8561	8567
72	8573	8579	8585	8591	8597	8603	8609	8615	8621	8627
73	8633	8639	8645	8651	8657	8663	8669	8675	8681	8686
74	8692	8698	8704	8710	8716	8722	8727	8733	8739	8745
75	8751	8756	8762	8768	8774	8779	8785	8791	8797	8802
76	8808	8814	8820	8825	8831	8837	8842	8848	8854	8859
77	8865	8871	8876	8882	8887	8893	8899	8904	8910	8915
78	8921	8927	8932	9838	8943	8949	8954	8960	8965	8971
79	8976	8982	8987	8993	8998	9004	9009	9015	9020	9025
N	0	1	2	3	4	5	6	7	8	9

N	0	1	2	3	4	5	6	7	8	9
80	9031	9036	9042	9047	9053	9058	9063	9069	9074	9079
81	9085	9090	9096	9101	9106	9112	9117	9122	9128	9133
82	9138	9143	9149	9154	9159	9165	9170	9175	9180	9186
83	9191	9196	9201	9206	9212	9217	9222	9227	9232	9238
84	9243	9248	9253	9258	9263	9269	9274	9279	9284	9289
85	9294	9299	9304	9309	9315	9320	9325	9330	9335	9340
86	9345	9350	9355	9360	9365	9370	9375	9380	9385	9390
87	9395	9400	9405	9410	9415	9420	9425	9430	9435	9440
88	9445	9450	9455	9460	9465	9469	9474	9479	9484	9489
89	9494	9499	9504	9509	9513	9518	9523	9528	9533	9538
90	9542	9547	9552	9557	9562	9566	9571	9576	9581	9586
91	9590	9595	9600	9605	9609	9614	9619	9624	9628	9633
92	9638	9643	9647	9652	9657	9661	9666	9671	9675	9680
93	9685	9689	9694	9699	9703	9708	9713	9717	9722	9727
94	9731	9736	9741	9745	9750	9754	9759	9563	9768	9737
95	9777	9782	9786	9791	9795	9800	9805	9809	9814	9818
96	9823	9827	9832	9836	9841	9845	9850	9854	9895	9863
97	9868	9872	9877	9881	9886	9890	9894	9899	9903	9908
98	9912	9917	9921	9926	9930	9934	9939	9943	9948	9952
99	9956	9961	9965	9969	9974	9978	9983	9987	9991	9996
N	0	1	2	3	4	5	6	7	8	9

習題解答

習題 1-1

1. $\left\{\dfrac{-10}{3}\right\}$

2. $\left\{\dfrac{25}{2}\right\}$

3. (1) $\left\{\dfrac{1}{2}, -3\right\}$　(2) $\left\{\dfrac{-1}{3}, \dfrac{-4}{5}\right\}$　(3) $\left\{\dfrac{-2}{3}, \dfrac{-2}{5}\right\}$　(4) $\left\{\dfrac{-2}{3}\right\}$

4. (1) $\left\{\dfrac{1}{2}, -3\right\}$　(2) $\left\{\dfrac{-2}{3}\right\}$　(3) $\left\{\dfrac{-3+\sqrt{17}}{4}, \dfrac{-3-\sqrt{17}}{4}\right\}$　(4) ϕ

習題 1-2

1. (1) $\begin{cases} x = \dfrac{26}{25} \\ y = \dfrac{-7}{25} \end{cases}$　(2)無解　(3) $\begin{cases} x = 2t+3 \\ y = t \end{cases}$，$t \in R$

2. (1)交一點且垂直　(2)平行　(3)重合　(4)交一點

習題 2-1

1. (1) $\sqrt{7}$　(2) $7^{\frac{3}{2}}$　(3) $\dfrac{1}{49}$

2. $\dfrac{-863}{4}$

3. 略

4. 12

5. (1) $a^{-1}b^{-3}$　(2) $a^{\frac{7}{6}}b^2$

6. (1) $\left(\dfrac{1}{\sqrt[3]{2}}\right)^{15} < \left(\sqrt{2}\right)^9 < \left(\sqrt{8}\right)^4 < (0.125)^{-3}$　(2) $\left(\dfrac{1}{\sqrt{0.3}}\right)^{-5} < (0.3)^2 < (\sqrt{0.3})^3$

習題 2-2 ∙∙

1. (1)-5 　(2)-1 　(3)$\dfrac{5}{2}$ 　(4)-1

2. (1)$a=3$ 　(2)$a=4$ 　(3)$a=\dfrac{3}{2}$

3. (1)-3 　(2)-1 　(3)0

4. $\dfrac{2+ab}{1+a+ab}$

5. 略

6. (1)$\log_5 0.5 < \log_5 \dfrac{1}{\sqrt{2}} < \log_5 1$ 　(2)$\log_{0.1} 2 < \log_{0.1}\sqrt{3} < \log_{0.1}\dfrac{3}{2}$

習題 2-3 ∙∙

1. (1)0.5527 　(2)1.6972 　(3)-0.1427 　(4)-2.9031

2. (1)$x=6.9$ 　(2)295 　(3)0.00345

3. (1)19 　(2)19

4. (1)8 　(2)14

習題 3-1 ∙∙

1. (1) n=4 或 5 　(2) n=8 　　　5. 34650

2. 6 種 　　　　　　　　　　　6. (1)210 種 　(2)112 種 　(3)98 種 　(4)157 種

3. (1)6720 　(2) 480 　　　　　7. 12

4. (1)120 　(2)18 　(3)12 　　8. (1)1260 種 　(2)120 種 　(3)900 種

習題 3-2 ∙∙

1. (1)4^5 種 　(2)4^6 種 　(3)4^7-4 種

2. 4^{50} 種

3. 26^{15} 個

習題 3-3

1. $n = 5$ 或 6

2. 略

3. 略

4. $n=34$，$m=14$

5. 495 種

6. (1)28 條　(2)56 個　(3)70 個

7. (1) H_3^3　(2) H_1^3

8. (1)1001　(2)126

9. 3003 種

10. (1)153 種　(2)66 種

11. (1) H_{10}^4　(2)12600

習題 3-4

1. 略

2. $x^7 + 7x^6y + 21x^5y^2 + 35x^4y^3 + 35x^3y^4 + 21x^2y^5 + 7xy^6 + y^7$

3. 180

4. $\dfrac{28}{243}$

5. 1330

6. $C_{50}^{100}(2x)^{50}(-3y)^{50}$

7. $\dfrac{(n-1)\,n\,(n+1)\,(3n+2)}{24}$

習題 4-1

1. (1)$\dfrac{1}{9}$　(2)$\dfrac{5}{36}$　(3)$\dfrac{1}{9}$

2. (1)$\dfrac{1}{8}$　(2)$\dfrac{1}{36}$　(3)$\dfrac{5}{9}$

3. (1)$\dfrac{5}{84}$　(2)$\dfrac{2}{7}$　(3)$\dfrac{17}{42}$

4. $\dfrac{1}{8}$

5. (1)$\dfrac{1}{4}$　(2)$\dfrac{3}{4}$　(3)$\dfrac{1}{4}$

6. 0.7

7. 0.2

8. $\dfrac{5}{8}$

習題 4-2

1. 7

4. $\dfrac{3}{5}$

2. (1) $\dfrac{23}{4}$ 元　(2) $\dfrac{23}{2}$ 元

5. 0.5 元

3. 27 元

習題 4-3

略

習題 4-4

略

習題 4-5

1. (1) $\overline{X} = 7.4$，$Me = 8$，$M_0 = 9$，$IQR = 5$　$Q = \dfrac{5}{2}$

2. 2

3. $\overline{X} = 64$　$S = 15$

4. (1) $600 \times 16\% = 96$（人）　(2) $600 \times 97.5\% = 585$（人）

習題 5-1

1. (1) 1×1 階　(2) 1×5 階　(3) 3×3 階　(4) 3×5 階

3. $A^T = \begin{bmatrix} 1 & 9 \\ 3 & 5 \\ 7 & 6 \\ 10 & 8 \end{bmatrix}$

2. $A = \begin{bmatrix} 1 & 3 \\ 1 & 4 \\ 1 & 5 \end{bmatrix}$

4. $a_{23} = 8$，$a_{42} = 1$

習題 5-2

1. $x = 2$，$y = 3$，$z = 1$

2. $x = 1$，$y = 2$

3. (1) $\begin{bmatrix} 4 & 6 & 6 \\ -1 & 9 & 10 \end{bmatrix}$ (2) $\begin{bmatrix} 6 & 0 & -2 \\ 3 & -1 & 4 \end{bmatrix}$ (3) $\begin{bmatrix} \dfrac{5}{3} & 1 & \dfrac{2}{3} \\ \dfrac{1}{3} & \dfrac{4}{3} & \dfrac{7}{3} \end{bmatrix}$ (4) $\begin{bmatrix} -\dfrac{2}{5} & \dfrac{6}{5} & \dfrac{8}{5} \\ -\dfrac{4}{5} & 2 & \dfrac{6}{5} \end{bmatrix}$

(5) $\begin{bmatrix} \dfrac{31}{15} & -\dfrac{1}{5} & \dfrac{-14}{15} \\ \dfrac{17}{15} & \dfrac{-2}{3} & \dfrac{17}{15} \end{bmatrix}$

4. $\begin{bmatrix} -1 & \dfrac{5}{2} \\ \dfrac{9}{4} & \dfrac{1}{2} \\ \dfrac{7}{4} & 0 \end{bmatrix}$

5. $\begin{bmatrix} 0 & -\dfrac{1}{3} \\ -\dfrac{1}{3} & -\dfrac{7}{3} \end{bmatrix}$

習題 5-3

1. $AB = \begin{bmatrix} 46 \end{bmatrix}$, $B^T A^T = \begin{bmatrix} 46 \end{bmatrix}$

2. $AB = \begin{bmatrix} 0 & 3 & 4 \\ 2 & 9 & 16 \end{bmatrix}$

$CB = \begin{bmatrix} 4 & 6 & 16 \\ 0 & 3 & 4 \end{bmatrix}$

$AC = \begin{bmatrix} 0 & 1 \\ 8 & 7 \end{bmatrix}$

$(AC) \cdot B = \begin{bmatrix} 0 & 3 & 4 \\ 8 & 21 & 44 \end{bmatrix}$

$(A+C) \cdot B = \begin{bmatrix} 4 & 9 & 20 \\ 2 & 12 & 20 \end{bmatrix}$

3. $A^2 = \begin{bmatrix} \cos 2\theta & \sin 2\theta \\ -\sin 2\theta & \cos 2\theta \end{bmatrix}$

4. $A^3 = \begin{bmatrix} 0 & 1 \\ -1 & 0 \end{bmatrix}$

5. $A^2 = \begin{bmatrix} x^2 & 0 \\ 0 & \dfrac{1}{x^2} \end{bmatrix}$, $A^3 = \begin{bmatrix} x^3 & 0 \\ 0 & \dfrac{1}{x^3} \end{bmatrix}$

6. 略

7. 略

8. (1) $\begin{bmatrix} -1 & -2 \\ 4 & -1 \end{bmatrix}$ (2) $\begin{bmatrix} -5 & -1 \\ 2 & -5 \end{bmatrix}$ (3) $\begin{bmatrix} -7 & 4 \\ -8 & -7 \end{bmatrix}$

9. (1) $\begin{bmatrix} 5 & 6 \\ 6 & 10 \end{bmatrix}$ (2) $\begin{bmatrix} 1 & 0 & 2 \\ 0 & 1 & 3 \\ 2 & 3 & 13 \end{bmatrix}$

習題 5-4

1. 0

2. $x^2 - y^2 - 2xy$

3. -100

4. 324

5. 6

習題 5-5

1. $[x \quad y] = [2 \quad -3]$

2. $[x \quad y \quad z] = [2 \quad 1 \quad -1]$

3. $[x \quad y \quad z] = [2 \quad 3 \quad 4]$

4. $[x \quad y \quad z] = \left[-\dfrac{1}{5} \quad 0 \quad \dfrac{2}{5}\right]$

5. $[x \quad y \quad z] = [3 \quad 2 \quad 1]$

6. 無解

習題 5-6

1. $(2, -3)$, $(-3, 2)$

2. $L' : 11x + 7y = 60$

3. $\begin{bmatrix} 2 & -1 \\ -1 & 3 \end{bmatrix}$

4. $(5 - 7\sqrt{3}, -7 - 5\sqrt{3})$

New Wun Ching Developmental Publishing Co., Ltd.
New Age · New Choice · The Best Selected Educational Publications—NEW WCDP

新文京開發出版股份有限公司

NEW WCDP

新世紀・新視野・新文京 — 精選教科書・考試用書・專業參考書